"中国森林生态系统连续观测与清查及绿色核算" 系列丛书

王　兵■主编

内蒙古大兴安岭重点国有林管理局

森林与湿地生态系统服务功能研究与价值评估

王　兵　陈佰山　闫宏光　牛　香　等■著
宋德才　杜　彬　刘　润　陈晓明

中国林业出版社

图书在版编目(CIP)数据

内蒙古大兴安岭重点国有林管理局森林与湿地生态系统服务功能研究与价值评估 / 王兵等著. -- 北京：中国林业出版社, 2020.4
　ISBN 978-7-5219-0473-4

Ⅰ. ①内… Ⅱ. ①王… Ⅲ. ①大兴安岭－森林生态系统－服务功能－研究－内蒙古②大兴安岭－沼泽化地－生态系统－服务功能－研究－内蒙古 Ⅳ. ①S718.55 ②P942.267.8

中国版本图书馆CIP数据核字(2020)第022297号

审图号：蒙S（2020）010号

中国林业出版社·林业分社
策划、责任编辑：于界芬　于晓文

出版发行	中国林业出版社
	（100009 北京西城区德内大街刘海胡同 7 号）
网　　址	http://www.forestry.gov.cn/lycb.html
电　　话	(010) 83143542
印　　刷	固安县京平诚乾印刷有限公司
版　　次	2020 年 4 月第 1 版
印　　次	2020 年 4 月第 1 次
开　　本	889mm×1194mm　1/16
印　　张	14
字　　数	346 千字
定　　价	98.00 元

《内蒙古大兴安岭重点国有林管理局森林与湿地生态系统服务功能研究与价值评估》

著 者 名 单

项目完成单位：

中国林业科学研究院森林生态环境与保护研究所

内蒙古大兴安岭重点国有林管理局

中国森林生态系统定位观测研究网络（CFERN）

主任委员：

陈佰山　内蒙古大兴安岭重点国有林管理局党委书记

闫宏光　内蒙古大兴安岭重点国有林管理局党委副书记，局长

项目首席科学家：

王　兵　中国林业科学研究院

项目组成员：

王　兵	宋德才	田凤奇	杜　彬	牛　香	陈林涛	赵炳柱
刘　润	郭卫东	谭　民	庞一兵	吕连宽	方光文	王耀国
王嘉夫	陈晓明	吴显军	郭旭亮	韩　君	刘明才	程明普
韩再珍	李　寅	王　鑫	朱　琳	袁　泉	宋庆丰	陶玉柱
王　慧	魏文俊	李慧杰	高瑶瑶	白浩楠	张维康	房瑶瑶
丁访军	潘勇军	姜　艳	郭　慧	陈　波	朱宾宾	孙双红
丛日征	高　鹏	周　梅	魏江生	王学文	任　军	管清成
郭文霞	张金旺	刘云超	徐丽娜	董玲玲	刘　斌	李园庆

www.cfern.org

特别提示

1. 基于森林生态系统连续观测与清查体系（简称：森林生态连清体系），开展内蒙古大兴安岭重点国有林管理局（简称内蒙古森工）森林生态系统服务功能评估研究，包括阿尔山林业局、绰尔林业局、绰源林业局、乌尔旗汉林业局、库都尔林业局、图里河林业局、伊图里河林业局、克一河林业局、甘河林业局、吉文林业局、阿里河林业局、根河林业局、金河林业局、阿龙山林业局、满归林业局、得耳布尔林业局、莫尔道嘎林业局、大杨树林业局、毕拉河国家级自然保护区、北大河林业局、乌玛林业局、永安山林业局、奇乾林业局、诺敏森林经营所、汗马国家级自然保护区、额尔古纳国家级自然保护区、吉拉林林业局、杜博威林业局28个评估区域。其中，将阿尔山林业局的呼伦贝尔市境内区域和兴安盟境内区域分别进行测算。湿地生态系统服务功能评估区域包括除吉拉林林业局、杜博威林业局之外的其余26个林业局（自然保护区、经营所）。

2. 评估所采用的数据源包括：①资源连清数据集：来源于内蒙古大兴安岭重点国有林管理局提供的1998年和2018年两期森林资源连续清查数据，涵盖各林业局、各优势树种（组）等资源面积和蓄积量；还包括各林业局（自然保护区、经营所）不同湿地类型的面积；②生态连清数据集：内蒙古大兴安岭及周边区域的森林生态站、湿地生态站和辅助观测点的长期监测数据；③社会公共数据集：国家权威部门以及内蒙古自治区公布的社会公共数据，根据贴现率将非评估年份价格参数转换为评估年份现价。

3. 依据中华人民共和国林业行业标准《森林生态系统服务功能评估规范》（LY/T 1721—2008），针对内蒙古大兴安岭重点国有林管理局森林资源开展涵养水源、保育土壤、固碳释氧、林木积累营养物质、净化大气环境、生物多样性保护、森林游憩和提供林产品等8项生态系统服务功能评估，并将森林植被滞纳TSP、PM_{10}、$PM_{2.5}$指标进行单独核算。其中，森林游憩和提供林产品功能只核算全域的，未细化至各

林业局。选取涵养水源、降解污染、固碳释氧、固土保肥、营养物质积累、改善小气候、提供生物栖息地和科研文化游憩8项功能开展湿地生态服务功能评估。为避免个别森林与湿地生态服务功能的重复测算，本研究在测算湿地生态系统服务功能时，不包括湿地类型中森林沼泽类型的服务功能。

4. 当现有的野外观测值不能代表同一生态单元同一目标林分类型的结构或功能时，为更准确获得这些地区生态参数，引入森林生态功能修正系数，以反映同一林分类型在同一区域的真实差异。

凡是不符合上述条件的其他研究结果均不宜与本研究结果简单类比。

前　言

　　党的十八大从关乎民族长远发展大计、关系人民福祉的高度出发，把生态文明建设纳入中国特色社会主义事业"五位一体"的总体布局，在协调推进"四个全面"中又将生态文明制度建设作为重中之重。习近平总书记多次谈及生态文明和林业改革发展，全面阐述了"绿水青山就是金山银山"的科学理念，并提出"良好的生态环境是最公平的公共产品，是最普惠的民生福祉"。

　　党的十九大在生态文明建设问题上又进行了理论和实践创新，对生态文明建设中存在的问题具有清醒的认识、对解决生态文明建设中存在的问题有清晰的思路和举措，同时也向全世界发出了中国建设生态文明的庄严承诺。山水林田湖草是生命共同体的整体系统观与共谋全球生态文明建设之路的共赢全球观，都是习近平生态文明思想的重要组成部分，两者的核心都是突出"共同体"。

　　森林和湿地是陆地生态系统最重要的组成部分，是人类社会永续发展的生态根基。近年来，为充分发挥林业在可持续发展中的重要作用，党中央、国务院赋予了林业部门建设和保护森林生态系统、保护和恢复湿地生态系统、维护和发展生物多样性的重要职责。生态系统服务功能核算也经历了初步认知、定性描述和定量评价三个阶段。从 20 世纪 60 年代开始，评估生态系统为人类提供的各种效益受到广泛关注，对全球生态服务功能价值核算堪称是一项开创历史新局面的研究，引领了生态学研究方向的新发展。2001 年 6 月，联合国千年生态系统评估（MA）正式启动，首次在全球范围内开拓性地对生态系统及其对人类福利的影响进行了多尺度综合评估，初步揭示了生态系统、生态系统服务功能和人类福祉之间的相互关系。国际生态经济学会（ISEE）创始人 Costanza 等通过非市场价值评估法对全球 16 类生物群落类型的 17 项生态服务功能的价值进行分类核算，获得全球不同生态系统服务功能的价值，赋予了生态服务功能单位面积的价值。日本、巴西、英国、美国、墨西哥、加拿大、智利等国家先后开展了生态系统服务功能评估研究。

从"八五"开始，林业部积极部署长期定位观测研究工作，建立了"中国森林生态系统定位观测研究网络（英文简称 CFERN）"，开展了水、土、气、生等生态要素的连续观测。同时启动了科技支撑计划"中国森林生态质量状态评估与报告技术（2006 BAD03A0702）"和国家林业公益性行业科研专项"中国森林生态系统服务功能定位观测与评估技术（200704005）"，组织开展森林生态系统服务功能研究与评估测算工作；2008 年，本研究团队参考国内外相关研究，结合国情、林情，制订了《森林生态系统服务功能评估规范》（LY/T 1721—2008）。2020 年 3 月 6 日，上述标准作为中华人民共和国国家标准《森林生态系统服务功能评估规范》（GB/T 38582—2020）正式发布。

在国家林业和草原局的高度关注和大力支持下，中国林业科学研究院王兵首席专家率领团队承担科技项目、参与全国森林生态系统定位观测研究以及森林资源连续清查等工作，以上述评估标准为依据开展了"九五"至"十三五"时期中国森林生态系统服务功能物质量和价值量的评估测算工作。

2009 年 11 月 17 日，国务院新闻办举行了第七次全国森林资源清查新闻发布会，时任国家林业局局长贾治邦首次公布了我国 6 项森林生态系统服务功能价值量合计每年达 10.01 万亿元，相当于全国 GDP 总量的 1/3，特别是森林的涵养水源功能发挥着巨大的"绿色水库"作用。全国森林每年涵养水源量相当于 12 个三峡水库的库容量。2015 年，由国家林业局和国家统计局联合发布的"生态文明制度构建中的中国森林资源核算研究"成果显示，第八次全国森林生态系统服务功能年价值量达12.68 万亿元，相当于 2013 年全国 GDP 总量（55.88 万亿元）的 23.00%，与第七次全国森林森林资源清查期末相比，增长了 27.00%。

内蒙古大兴安岭林区东连黑龙江，西接呼伦贝尔大草原，南至吉林洮儿河，北部和西部与俄罗斯、蒙古国毗邻，地跨呼伦贝尔市、兴安盟的 9 个旗市，是我国面积最大的重点国有林区。开发建设 60 多年，共为国家提供了 2 亿立方米的商品林和大量林副产品，是"共和国经济建设的长子"。林区生态功能区面积 10.67 万平方公里，其保护良好、稳定健康的森林生态系统有效保障了呼伦贝尔大草原和东北粮食主产区的生态安全，是内蒙古自治区生态文明建设的"脊梁"，在建成祖国北疆生态安全屏障和边疆安全稳定屏障两大定位中具有不可替代的重要作用。

按照党中央、国务院印发的《国有林区改革指导意见》和内蒙古自治区关于《内蒙古大兴安岭重点国有林区改革总体方案》的要求和安排，作为全国重点国有林区改革的先行先试单位，内蒙古大兴安岭重点国有林区的改革工作都是在习近平新时代中国特色社会主义思想的指引下有条不紊地进行，特别是实现了林区由木材生产为主向以生态保护建设为主的转变。改革起步之初，习近平总书记于2014年1月26日来到内蒙古大兴安岭阿尔山林业局看望慰问林业职工群众，明确指出，历史有它的阶段性，林区人从当初"砍树"改革转型为"看树"同样是为国家作贡献，并提出保护生态是林业的主要职责。2015年2月3～6日，时任国务院副总理汪洋在内蒙古大兴安岭林区考察国有林区改革工作时，提出了要将提供生态服务和维护生态安全作为国有林区改革的基本出发点，强调明确战略定位创新体制机制，推动国有林区生态保护和民生改善。2017年2月，内蒙古大兴安岭重点国有林管理局挂牌成立，至此，大兴安岭林区经历着由木材生产为主向生态保护建设为主的历史性变革，林区的功能定位实现了由利用森林获取经济利益为主向保护森林提供生态产品服务的转变。

因此，清晰核算内蒙古大兴安岭林区"绿水青山"价值多少"金山银山"显得尤为重要。为了客观、合理地评估该区域森林和湿地生态系统的价值，内蒙古大兴安岭重点国有林管理局领导高度重视，并依托中国林业科学研究院专家团队共同启动了该项工作。项目组基于内蒙古大兴安岭重点国有林管理局提供的1998年和2018年两期森林资源连续清查数据集，以国家林业行业标准《森林生态系统服务功能评估规范》（LY/T 1721—2008）为依据，采用分布式测算方法，开展了涵养水源、保育土壤、固碳释氧、林木积累营养物质、净化大气环境、生物多样性保护、森林游憩等功能的核算。评估结果表明：1998年和2018年森林生态系统服务功能价值量分别为3755.79亿元和5298.82亿元；其中涵养水源价值分别为950.16亿元/年和1341.32亿元/年，生物多样性保护价值分别为777.09亿元/年和1090.34亿元/年，固碳释氧价值分别为740.55亿元/年和1015.59亿元/年；净化大气环境价值分别为549.40

亿元 / 年和 795.87 亿元 / 年。基于内蒙古大兴安岭林区不同湿地类型资源的特点，采用等效替代法、权重当量平衡法等对湿地生态系统涵养水源、降解污染、提供生物栖息地、固土保肥、固碳释氧、科研文化游憩功能、改善小气候、营养物质积累等 8 类功能开展生态系统服务评估，总价值量为 860.92 亿元 / 年，其中涵养水源价值为 302.62 亿元 / 年，占比 35.15%；固碳释氧价值为 56.16 亿元 / 年，占比 6.52%；降解污染和改善小气候价值为 229.11 亿元 / 年，占比 26.61%；提供生物栖息地价值为 156.61 亿元 / 年，占比 18.19%。

内蒙古大兴安岭重点国有林管理局森林和湿地生态系统服务功能评估生动诠释了习近平生态文明思想和"绿水青山就是金山银山"的发展理念，以直观的货币形式呈现了森林和湿地生态系统为人们提供生态产品的服务价值，充分反映了林业生态建设取得的成果，特别是科学阐释了林区由木材生产为主转向生态保护建设为主的科学发展道路及成效，这对于推动生态效益科学量化补偿和生态 GDP 核算体系的构建具有重要支撑作用，为实现习近平总书记提出的林业工作"三增长"目标提供技术支撑，并创造了人们对美好生活需求的优质生态条件。

本著作在完成过程中得到了内蒙古大兴安岭重点国有林管理局和 28 个林业局（自然保护区、经营所）等相关人员的大力支持，著作图形文件方面得到了内蒙古自治区林业勘察设计院的鼎力相助。在此，向所有为本书完成过程中提供帮助的专家学者和同仁表示深深的感谢！生态系统服务功能的研究过程是长期不断完善的复杂过程，因此受时间、研究水平等因素的限制，欢迎专家和读者对本专著批评指正。

著　者

2019 年 8 月

目 录

前 言

第一章　内蒙古森工森林生态系统连续观测与清查体系

　　第一节　野外观测技术体系 ……………………………………………… 2

　　第二节　分布式测算评估体系 …………………………………………… 4

第二章　内蒙古森工森林资源动态变化及驱动力分析

　　第一节　地理环境概况 …………………………………………………… 26

　　第二节　森林资源动态及驱动力分析 …………………………………… 31

第三章　内蒙古森工森林生态系统服务功能物质量评估

　　第一节　森林生态系统服务功能总物质量 ……………………………… 44

　　第二节　主要优势树种（组）生态系统服务功能物质量 ……………… 50

　　第三节　各林业局（自然保护区、经营所）森林生态系统服务功能物质量 …… 64

第四章　内蒙古森工森林生态系统服务功能价值量评估

　　第一节　森林生态系统服务功能总价值量 ……………………………… 88

　　第二节　主要优势树种（组）生态系统服务功能价值量 ……………… 95

　　第三节　各林业局（自然保护区、经营所）森林生态系统服务功能价值量 …… 103

第五章　内蒙古森工湿地生态系统服务功能评估

　　第一节　湿地资源概况 …………………………………………………… 119

　　第二节　湿地生态系统服务功能评估指标体系构建及评估过程 ……… 123

　　第三节　湿地生态系统服务功能评估结果 ……………………………… 129

第六章　内蒙古森工森林与湿地生态系统服务功能综合分析

　　第一节　生态系统服务功能评估结果特征分析 ………………………… 143

　　第二节　森林生态系统服务功能特征驱动力分析 ……………………… 150

　　第三节　森林生态效益科学量化补偿研究 ……………………………… 153

　　第四节　森林资源资产负债表编制研究 ·· 162

　　参考文献 ·· 181

附　表

表 1　环境保护税税目税额 ··· 187

表 2　应税污染物和当量值 ··· 188

表 3　IPCC 推荐使用的木材密度（D） ··· 192

表 4　IPCC 推荐使用的生物量转换因子（BEF） ··· 193

表 5　不同树种组单木生物量模型及参数 ·· 193

表 6　内蒙古森工森林生态系统服务评估社会公共数据 ··································· 194

附　件

名词术语 ··· 196

一项开创性的里程碑式研究 ··· 198

"绿水青山"究竟值多少"金山银山" ·· 204

第一章
内蒙古森工森林生态系统
连续观测与清查体系

内蒙古大兴安岭重点国有林管理局（简称内蒙古森工）森林生态系统服务功能评估基于森林生态系统连续观测与清查体系（简称森林生态连清体系）（图1-1），是指以生态地理区划为单位，依托我国现有森林生态系统国家定位观测研究站（简称森林生态站）和内蒙古大兴安岭境内的其他林业监测点，采用长期定位观测技术和分布式测算方法，定期对内

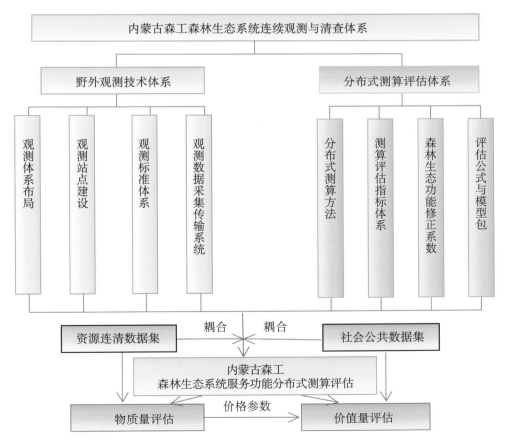

图 1-1　内蒙古森工森林生态系统连续观测与清查体系框架

蒙古森工森林生态系统服务进行全指标体系观测与清查，它与内蒙古森工森林二类调查数据相耦合，评估一定时期和范围内的内蒙古森工森林生态系统服务功能，进一步了解其森林生态系统服务功能的动态变化。

第一节　野外观测技术体系

一、内蒙古森工森林生态系统服务功能监测站布局与建设

野外观测是构建内蒙古森工森林生态连清体系的重要基础，为了做好这一基础工作，需要考虑如何构架观测体系布局。国家森林生态站与内蒙古大兴安岭及周边各类林业监测点作为内蒙古森工森林生态系统服务监测的两大平台，在建设时坚持"统一规划、统一布局、统一建设、统一规范、统一标准，资源整合，数据共享"原则。

森林生态站网络布局总体上是以典型抽样为基础，根据研究区森林立地情况等条件，选择具有典型性、代表性和层次性明显的区域完成森林生态网络布局。目前，已建和在建的森林生态站和辅助站点在布局上已经能够充分体现区位优势和地域特色，森林生态站布局在全省和地方等层面的典型性和重要性已经得到兼顾，并且已形成层次清晰、代表性强的森林生态站及辅助观测网点，可以负责相关站点所属区域的各级测算单元，即可再分为优势树种（组）、林分起源组和林龄组等。借助这些森林生态站，可以满足内蒙古森工森林生态连清和科学研究需求。

森林生态站在内蒙古森工森林生态系统服务功能评估中发挥着极其重要的作用。本次评估所采用的数据主要来源于内蒙古自治区境内的大兴安岭生态站、伊勒呼里山站、伊图里河站、呼伦贝尔沙地站、特金罕山生态站和赛罕乌拉生态站以及周边漠河生态站、嫩江源生态站等，同时还利用辅助观测点对数据进行补充和修正。目前的森林生态站和辅助站点在布局上能够充分体现区位优势和地域特色，兼顾了森林生态站布局在国家和地方等层面的典型性和重要性，目前已形成层次清晰、代表性强的森林生态站网，可以承担相关站点所属区域的森林生态连清工作。

借助上述森林生态站以及辅助监测点，可以满足内蒙古森工森林生态系统服务监测和科学研究需求。随着政府对生态环境建设形势认识的不断发展，必将建立起内蒙古大兴安岭森林生态系统服务监测的完备体系，为科学全面地评估内蒙古森工生态建设成效奠定坚实的基础。同时，通过各森林生态系统服务监测站点长期、稳定地发挥作用，必将为健全和完善国家生态监测网络，特别是构建完备的林业及其生态建设监测评估体系作出重大贡献。

二、内蒙古森工森林生态连清监测评估标准体系

内蒙古森工森林生态连清监测评估所依据的标准体系包括从森林生态系统服务功能监测站点建设到观测指标、观测方法、数据管理乃至数据应用各方面的标准（图1-2）。这一系列的标准化保证了不同站点所提供内蒙古森工森林生态连清数据的准确性和可比性，为内蒙古森工森林生态系统服务评估的顺利进行提供了保障。

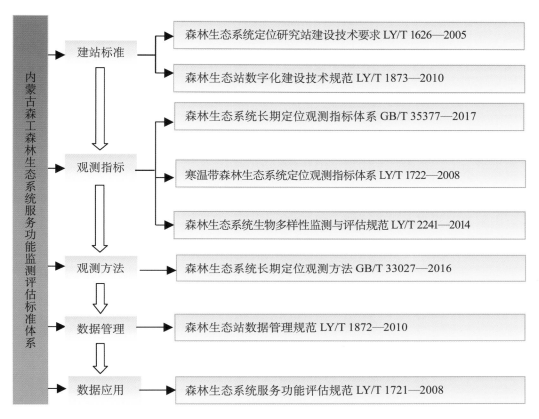

图 1-2　内蒙古森工森林生态系统服务功能监测评估标准体系

第二节　分布式测算评估体系

一、分布式测算方法

分布式测算源于计算机科学，是研究如何把一项整体复杂的问题分割成相对独立运算的单元，并将这些单元分配给多个计算机进行处理，最后将计算结果综合起来，统一合并得出结论的一种科学计算方法（Hagit Attiya，2008）。

分布式测算项目已经被用于使用世界各地成千上万位志愿者的计算机的闲置计算能力，来解决复杂的数学问题，如 GIMPS 搜索梅森素数的分布式网络计算和研究寻找最为安全的密码系统如 RC4 等，这些项目都很庞大，需要惊人的计算量，而分布式测算就是研究如何把一个需要非常巨大计算能力才能解决的问题分成许多小的部分，然后把这些部分分配给许多计算机进行处理，最后把这些计算结果综合起来得到最终的结果。随着科学的发展，分布式测算已成为一种廉价的、高效的、维护方便的计算方法。

森林生态系统服务功能评估是一项非常庞大、复杂的系统工程，很适合划分成多个均质化的生态测算单元开展评估（Niu 等，2013）。通过第一次（2009 年）和第二次（2014 年）全国森林生态系统服务评估以及 2014 年、2015 年和 2016 年《退耕还林工程生态效益监测国家报告》以及许多省级、市级和自然保护区尺度的评估已经证实，分布式测算方法能够保证评估结果的准确性及可靠性。因此，分布式测算方法是目前评估森林生态系统服务功能所采用的较为科学有效的方法。通过诸多森林生态系统服务功能评估案例也证实了分布式测算方法能够保证结果的准确性及可靠性（牛香等，2012）。

阿尔山林业局、绰尔林业局、绰源林业局、乌尔旗汉林业局、库都尔林业局、图里河林业局、伊图里河林业局、克一河林业局、甘河林业局、吉文林业局、阿里河林业局、根河林业局、金河林业局、阿龙山林业局、满归林业局、得耳布尔林业局、莫尔道嘎林业局、大杨树林业局、毕拉河国家级自然保护区、北大河林业局、乌玛林业局、永安山林业局、奇乾林业局、诺敏森林经营所、汗马国家级自然保护区、额尔古纳国家级自然保护区、吉拉林林业局、杜博威林业局，作为一级测算单元；每个一级测算单元又按不同优势树种（组）划分为落叶松、樟子松、栎类、桦木、榆树、杨树、柳树、经济林和灌木林等 12 个二级测算单元；每个二级测算单元按照不同起源划分成天然林和人工林 2 个三级测算单元；每个三级测算单元再按龄组划分为幼龄林、中龄林、近熟林、成熟林、过熟林 5 个四级测算单元，再结合不同立地条件的对比观测，最终确定了两期森林资源相对均质化的 3970 个生态服务功能评估单元（图 1-3）。

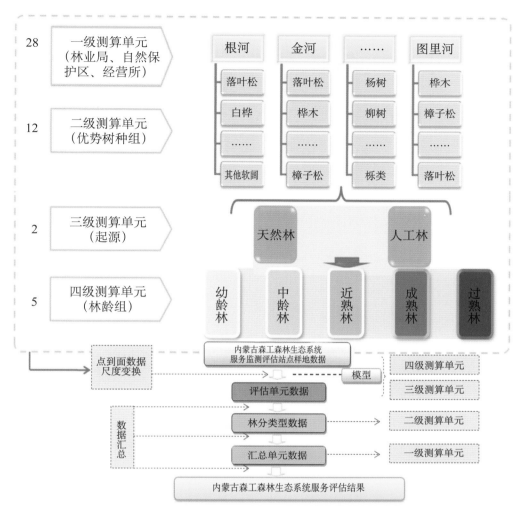

图1-3　内蒙古森工森林生态系统服务功能评估分布式测算方法

二、监测评估指标体系

森林生态系统是地球陆地生态系统的主体，其生态系统服务功能体现在生态系统和生态过程所形成的有利于人类生存与发展的生态环境条件与效用。如何真实地反映森林生态系统服务的效果，监测评估指标体系的建立非常重要。

依据中华人民共和国林业行业标准《森林生态系统服务功能评估规范》（LY/T1721—2008），结合内蒙古森工森林生态系统实际情况，在满足代表性、全面性、简明性、可操作性以及适用性等原则的基础上，通过总结近年的工作及研究经验，本次评估选取的监测评估指标体系主要包括涵养水源、保育土壤、固碳释氧、林木积累营养物质、净化大气环境、生物多样性保护、森林游憩和林产品供给等8项功能22个指标（图1-4）。由于降低噪音等指标计算方法尚未成熟，因此本研究未涉及降低噪音的功能评估。基于相同原因，在吸收污染物指标中不涉及吸收重金属的功能评估。

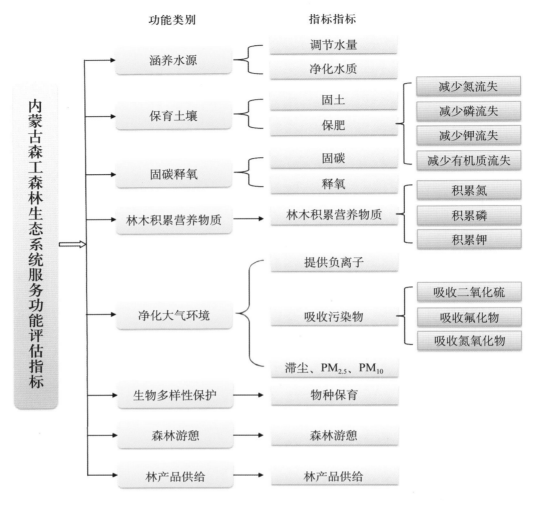

图1-4   内蒙古森工森林生态系统服务测算评估指标体系

三、数据来源与集成

内蒙古森工森林生态系统服务功能评估分为物质量和价值量两部分。物质量评估所需数据来源于森林生态连清数据集和森林资源连清数据集；价值量评估所需数据除上述两个数据来源外还包括社会公共数据集（图1-5）。

数据来源主要包括以下三部分：

1. 森林生态连清数据集

森林生态连清数据集来源于内蒙古自治区境内及周边森林生态站以及辅助观测点的监测结果。其中，数据的获取依据中华人民共和国国家标准《森林生态系统长期定位观测方法》（GB/T 33027—2016）、中华人民共和国林业行业标准《森林生态系统服务功能评估规范》（LY/T 1721—2008）等开展的野外长期定位连续观测数据集。

内蒙古森工森林资源
连续清查数据

森林生态站和辅助观测点
积累的长期定位连续观测
研究数据

权威机构公布的社会
公共资源数据

森林资源 连清数据集	·林分面积　林分蓄积量年增长量　林分采伐消耗量

森林生态 连清数据集	·年降水量　林分蒸散量　森林土壤侵蚀模数　无林地土壤侵蚀模数　土壤容重 土壤含氮量　土壤有机质含量　土层厚度　土壤含钾量　泥沙容重　生物多样性指数 蓄积量/生物量　吸收二氧化硫能力　吸收氧化物能力　吸收氢氧化物能力　滞尘能力

社会公共 数据集	·水库库容造价　水质净化费用　磷酸二铵含氮量　氯化钾含钾量　磷酸二铵价格 氯化钾价格　有机质价格　二氧化碳含碳比例　碳价格　氧气价格 二氧化硫治理费用　燃煤污染收费标准　大气污染收费标准　排污收费标准

图 1-5　数据来源与集成

2．森林资源连清数据集

来源于内蒙古森工提供的 1998 年和 2018 年两期森林资源连续清查数据，涵盖各林业局（自然保护区、经营所）、主要优势树种（组）等资源面积和蓄积量。

3．社会公共数据集

社会公共数据来源于我国权威机构所公布的社会公共数据，包括《中国水利年鉴》《中华人民共和国水利部水利建筑工程预算定额》、中国农业信息网（http://www.agri.gov.cn/）、中华人民共和国卫生健康委员会网站（http://www.nhc.gov.cn/）、中华人民共和国国家发展和改革会第四部委 2003 年第 31 号令《排污费征收标准及计算方法》、《中华人民共和国环境保护税法》中《环境保护税税目税额表》、内蒙古自治区物价局网站（http://www.nmgfgw.gov.cn）等。

四、森林生态功能修正系数

在野外数据观测中，研究人员仅能够得到观测站点附近的实测生态数据，对于无法实地观测到的数据，则需要一种方法对已经获得的参数进行修正，因此引入了森林生态功能修正系数（Forest Ecological Function Correction Coefficient，简称 FEF-CC）。FEF-CC 指评估林分生物量和实测林分生物量的比值，它反映森林生态服务评估区域森林的生态质量状况，还可以通过森林生态功能的变化修正森林生态服务的变化。

森林生态系统服务价值的合理测算对绿色国民经济核算具有重要意义，社会进步程度、经济发展水平、森林资源质量等对森林生态系统服务均会产生一定影响，而森林自身结构和功能状况则是体现森林生态系统服务可持续发展的基本前提。"修正"作为一种状态，表明系统各要素之间具有相对"融洽"的关系。当用现有的野外实测值不能代表同一生态单元同一目标优势树种组的结构或功能时，就需要采用森林生态功能修正系数客观地从生态学精度的角度反映同一优势树种（组）在同一区域的真实差异。其理论公式：

$$FEF\text{-}CC = \frac{B_e}{B_o} = \frac{BEF \cdot V}{B_o} \tag{1-1}$$

式中：FEF-CC——森林生态功能修正系数；

　　　B_e——评估林分的生物量（千克／立方米）；

　　　B_o——实测林分的生物量（千克／立方米）；

　　　BEF——蓄积量与生物量的转换因子；

　　　V——评估林分的蓄积量（立方米）。

实测林分的生物量可以通过森林生态连清的实测手段来获取，而评估林分的生物量在内蒙古大兴安岭资源清查和造林工程调查中还没有完全统计。因此，通过评估林分蓄积量和生物量转换因子来测算评估（方精云等，1996；Fang et al，1998；Fang et al，2001）。

五、贴现率

内蒙古森工森林生态服务全指标体系连续观测与清查体系价值量评估中，由物质量转价值量时，部分价格参数并非评估年价格参数。因此，需要使用贴现率将非评估年份价格参数换算为评估年份价格参数以计算各项功能价值量的现价。

内蒙古森工森林生态服务全指标体系连续观测与清查体系价值量评估中所使用的贴现率指将未来现金收益折合成现在收益的比率，贴现率是一种存贷均衡利率，利率的大小，主要根据金融市场利率来决定，其计算公式：

$$t = (D_r + L_r) / 2 \tag{1-2}$$

式中：t——存贷款均衡利率（%）；

　　　D_r——银行的平均存款利率（%）；

　　　L_r——银行的平均贷款利率（%）。

贴现率利用存贷款均衡利率，将非评估年份价格参数，逐年贴现至评估年的价格参数。

贴现率的计算公式：

$$d = (1 + t_n)(1 + t_{n+1}) \cdots (1 + t_m) \tag{1-3}$$

式中：d——贴现率；

　　　t——存贷款均衡利率（%）；

　　　n——价格参数可获得年份（年）；

　　　m——评估年份（年）。

六、核算公式与模型包

（一）涵养水源

森林涵养水源功能主要是指森林对降水的截留、吸收和贮存，将地表水转为地表径流或地下水的作用（图 1-6）。主要功能表现在增加可利用水资源、净化水质和调节径流三个方面。本研究选定 2 个指标，即调节水量指标和净化水质指标，以反映森林的涵养水源功能。

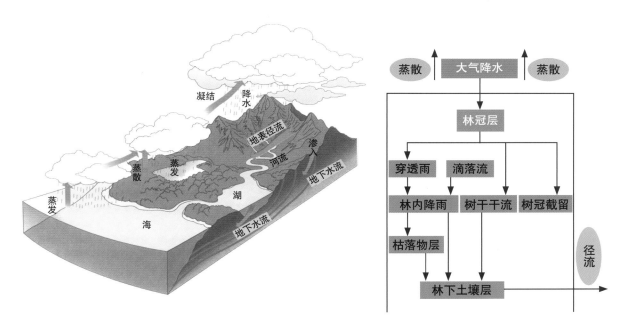

图 1-6　全球水循环及森林对降水的再分配示意

1. 调节水量指标

（1）年调节水量。森林生态系统年调节水量公式：

$$G_{调} = 10 A \cdot (P - E - C) \cdot F \tag{1-4}$$

式中：$G_{调}$——实测林分年调节水量（立方米 / 年）；

　　　P——实测林外降水量（毫米 / 年）；

E——实测林分蒸散量（毫米／年）；

C——实测地表快速径流量（毫米／年）；

A——林分面积（公顷）；

F——森林生态功能修正系数。

(2) 年调节水量价值。森林生态系统年调节水量价值根据水库工程的蓄水成本（替代工程法）来确定，采用如下公式计算：

$$U_{调} = 10\,C_{库} \cdot A \cdot (P-E-C) \cdot F \cdot d \tag{1-5}$$

式中：$U_{调}$——实测森林年调节水量价值（元／年）；

$C_{库}$——水库库容造价（元／立方米，见附表）；

P——实测林外降水量（毫米／年）；

E——实测林分蒸散量（毫米／年）；

C——实测地表快速径流量（毫米／年）；

A——林分面积（公顷）；

F——森林生态功能修正系数；

d——贴现率。

2. 年净化水质指标

(1) 年净化水量。森林生态系统年净化水量采用年调节水量的公式：

$$G_{净} = 10\,A \cdot (P-E-C) \cdot F \tag{1-6}$$

式中：$G_{净}$——实测林分年净化水量（立方米／年）；

P——实测林外降水量（毫米／年）；

E——实测林分蒸散量（毫米／年）；

C——实测地表快速径流量（毫米／年）；

A——林分面积（公顷）；

F——森林生态功能修正系数。

(2) 净化水质价值。森林生态系统年净化水质价值根据内蒙古自治区水污染物应纳税额计算。《应税污染物和当量值》中，每一排放口的应税水污染物按照污染当量数从大到小排序，对第一类水污染物按照前五项征收环境保护税；对其他类水污染物按照前三项征收环境保护税；对同一排放口中的化学需氧量、生化需氧量和总有机碳，只征收一项，按三者中污染当量数最高的一项收取。采用如下公式计算：

$$U_{水质} = 10\,K_{水} \cdot A \cdot (P-E-C) \cdot F \cdot d \tag{1-7}$$

式中：$U_{水质}$——实测林分净化水质价值（元／年）；

$\quad\quad K_{水}$——水污染物应纳税额（元／立方米，见附表）；

$\quad\quad P$——实测林外降水量（毫米／年）；

$\quad\quad E$——实测林分蒸散量（毫米／年）；

$\quad\quad C$——实测地表快速径流量（毫米／年）；

$\quad\quad A$——林分面积（公顷）；

$\quad\quad F$——森林生态功能修正系数；

$\quad\quad d$——贴现率。

$$K_{水} = (\rho_{大气降水} - \rho_{径流})/N_{水} \cdot K \qquad (1\text{-}8)$$

式中：$\rho_{大气降水}$——大气降水中某一水污染物浓度（毫克／升）；

$\quad\quad \rho_{径流}$——森林地下径流中某一水污染物浓度（毫克／升）；

$\quad\quad N_{水}$——水污染物污染当量值（千克，见附表）；

$\quad\quad K$——税额（元，见附表）。

（二）保育土壤功能

森林凭借庞大的树冠、深厚的枯枝落叶层及强壮且成网络的根系截留大气降水，减少或免遭雨滴对土壤表层的直接冲击，有效地固持土体，降低了地表径流对土壤的冲蚀，使土壤流失量大大降低。而且森林的生长发育及其代谢产物不断对土壤产生物理及化学影响，参与土体内部的能量转换与物质循环，使土壤肥力提高，森林凋落物是土壤养分的主要来源之一（图1-7）。为此，本研究选用2个指标，即固土指标和保肥指标，以反映森林保育土壤功能。

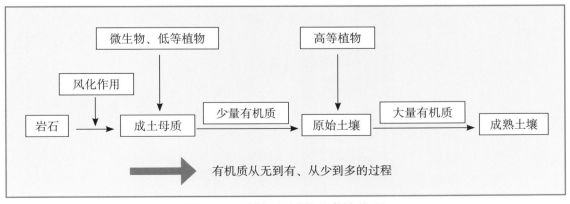

图 1-7 植被对土壤形成的作用

1. 固土指标

（1）年固土量。林分年固土量公式：

$$G_{固土} = A \cdot (X_2 - X_1) \cdot F \tag{1-9}$$

式中：$G_{固土}$——实测林分年固土量（吨／年）；

$\quad\quad$ X_1——有林地土壤侵蚀模数 [吨 /（公顷·年）]；

$\quad\quad$ X_2——无林地土壤侵蚀模数 [吨 /（公顷·年）]；

$\quad\quad$ A——林分面积（公顷）；

$\quad\quad$ F——森林生态功能修正系数。

（2）年固土价值。由于土壤侵蚀流失的泥沙淤积于水库中，减少了水库蓄积水的体积，因此本研究根据蓄水成本（替代工程法）计算林分年固土价值，公式：

$$U_{固土} = A \cdot C_{土} \cdot (X_2 - X_1) \cdot F \cdot d / \rho \tag{1-10}$$

式中：$U_{固土}$——实测林分年固土价值（元／年）；

$\quad\quad$ X_1——有林地土壤侵蚀模数 [吨 /（公顷·年）]；

$\quad\quad$ X_2——无林地土壤侵蚀模 [吨 /（公顷·年）]；

$\quad\quad$ $C_{土}$——挖取和运输单位体积土方所需费用（元／立方米，见附表）；

$\quad\quad$ ρ——土壤容重（克／立方厘米）；

$\quad\quad$ A——林分面积（公顷）；

$\quad\quad$ F——森林生态功能修正系数；

$\quad\quad$ d——贴现率。

2. 保肥指标

（1）年保肥量。林分年保肥量公式：

$$G_N = A \cdot N \cdot (X_2 - X_1) \cdot F \tag{1-11}$$

$$G_P = A \cdot P \cdot (X_2 - X_1) \cdot F \tag{1-12}$$

$$G_K = A \cdot K \cdot (X_2 - X_1) \cdot F \tag{1-13}$$

$$G_{有机质} = A \cdot M \cdot (X_2 - X_1) \cdot F \tag{1-14}$$

式中：G_N——森林固持土壤而减少的氮流失量（吨／年）；

$\quad\quad$ G_P——森林固持土壤而减少的磷流失量（吨／年）；

$\quad\quad$ G_K——森林固持土壤而减少的钾流失量（吨／年）；

$\quad\quad$ $G_{有机质}$——森林固持土壤而减少的有机质流失量（吨／年）；

$\quad\quad$ X_1——有林地土壤侵蚀模数 [吨 /（公顷·年）]；

X_2——无林地土壤侵蚀模数 [吨/（公顷·年）]；

N——森林土壤含氮量（%）；

P——森林土壤含磷量（%）；

K——森林土壤含钾量（%）；

M——森林土壤平均有机质含量（%）；

A——林分面积（公顷）；

F——森林生态功能修正系数。

（2）年保肥价值。年固土量中氮、磷、钾的数量换算成化肥即为林分年保肥价值。本研究的林分年保肥价值以固土量中的氮、磷、钾数量折合成磷酸二铵化肥和氯化钾化肥的价值来体现。公式：

$$U_{肥} = A \cdot (X_2 - X_1) \cdot \left(\frac{N \cdot C_1}{R_1} + \frac{P \cdot C_1}{R_2} + \frac{K \cdot C_2}{R_3} + M \cdot C_3 \right) \cdot F \cdot d \tag{1-15}$$

式中：$U_{肥}$——实测林分年保肥价值（元／年）；

X_1——有林地土壤侵蚀模数 [吨/（公顷·年）]；

X_2——无林地土壤侵蚀模数 [吨/（公顷·年）]；

N——森林土壤平均含氮量（%）；

P——森林土壤平均含磷量（%）；

K——森林土壤平均含钾量（%）；

M——森林土壤平均有机质含量（%）；

R_1——磷酸二铵化肥含氮量（%）；

R_2——磷酸二铵化肥含磷量（%）；

R_3——氯化钾化肥含钾量（%）；

C_1——磷酸二铵化肥价格（元／吨）；

C_2——氯化钾化肥价格（元／吨）；

C_3——有机质价格（元／吨）；

A——林分面积（公顷）；

F——森林生态功能修正系数；

d——贴现率。

（三）固碳释氧功能

森林与大气的物质交换主要是二氧化碳与氧气的交换，即森林固定并减少大气中的二氧化碳和提高并增加大气中的氧气（图1-8），这对维持大气中的二氧化碳和氧气动态平衡、减少温室效应以及为人类提供生存的基础都有巨大和不可替代的作用。为此，本研究选用固碳、释氧2个指标反映森林生态系统固碳释氧功能。根据光合作用化学反应式，森林植被每积累1.00克干物质，可以吸收（固定）1.63克二氧化碳，释放1.19克氧气。

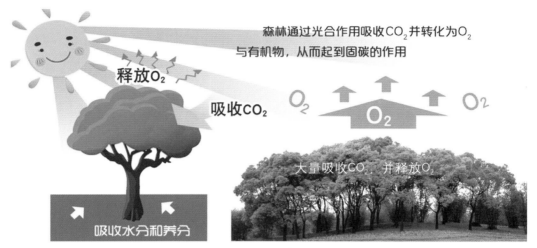

图1-8 森林生态系统固碳释氧作用

1. 固碳指标

（1）植被和土壤年固碳量。公式如下：

$$G_{碳} = A \cdot (1.63 R_{碳} \cdot B_{年} + F_{土壤碳}) \cdot F \tag{1-16}$$

式中：$G_{碳}$——实测年固碳量（吨／年）；

$B_{年}$——实测林分年净生产力[吨／（公顷·年）]；

$F_{土壤碳}$——单位面积林分土壤年固碳量[吨／（公顷·年）]；

$R_{碳}$——二氧化碳中碳的含量，为27.27%；

A——林分面积（公顷）；

F——森林生态功能修正系数。

公式计算得出森林的潜在年固碳量，再从其中减去由于森林年采伐造成的生物量移出从而损失的碳量，即为森林的实际年固碳量。

（2）年固碳价值。森林植被和土壤年固碳价值的计算公式：

$$U_{碳} = A \cdot C_{碳} \cdot (1.63 R_{碳} \cdot B_{年} + F_{土壤碳}) \cdot F \cdot d \tag{1-17}$$

式中：$U_{碳}$——实测林分年固碳价值（元／年）；

$B_{年}$——实测林分年净生产力[吨／（公顷·年）]；

$F_{土壤碳}$——单位面积森林土壤年固碳量[吨／（公顷·年）]；

$C_{碳}$——固碳价格（元／吨，见附表）；

$R_{碳}$——二氧化碳中碳的含量，为 27.27%；

A——林分面积（公顷）；

F——森林生态功能修正系数；

d——贴现率。

公式得出森林的潜在年固碳价值，再从其中减去由于森林年采伐消耗量造成的碳损失，即为森林的实际年固碳价值。

2. 释氧指标

（1）年释氧量。公式：

$$G_{氧气} = 1.19 A \cdot B_{年} \cdot F \tag{1-18}$$

式中：$G_{氧气}$——实测林分年释氧量（吨／年）；

$B_{年}$——实测林分年净生产力 [吨／（公顷·年）]；

A——林分面积（公顷）；

F——森林生态功能修正系数。

（2）年释氧价值。公式：

$$U_{氧} = 1.19 C_{氧} \cdot A \cdot B_{年} \cdot F \cdot d \tag{1-19}$$

式中：$U_{氧}$——实测林分年释氧价值（元／年）；

$B_{年}$——实测林分年净生产力 [吨／（公顷·年）]；

$C_{氧}$——制造氧气的价格（元／吨，见附表）；

A——林分面积（公顷）；

F——森林生态功能修正系数；

d——贴现率。

（四）林木积累营养物质功能

森林在生长过程中不断从周围环境吸收氮、磷、钾等营养物质，并储存体内各器官，这些营养元素一部分通过生物地球化学循环以枯枝落叶形式返还土壤，一部分以树干淋洗和地表径流等形式流入江河湖泊，另一部分以林产品形式输出生态系统，再以不同形式释放到周围环境中。营养元素固定在植物体中，成为全球生物化学循环不可缺少的环节，为此，本研究选用林木营养积累指标反映森林积累营养物质功能。

1. 林木营养物质年积累量

林木积累氮、磷、钾量。公式：

$$G_{氮} = A \cdot N_{营养} \cdot B_{年} \cdot F \tag{1-20}$$

$$G_{磷} = A \cdot P_{营养} \cdot B_{年} \cdot F \tag{1-21}$$

$$G_{钾} = A \cdot K_{营养} \cdot B_{年} \cdot F \tag{1-22}$$

式中：$G_{氮}$——植被固氮量（吨／年）；

　　　$G_{磷}$——植被固磷量（吨／年）；

　　　$G_{钾}$——植被固钾量（吨／年）；

　　　$N_{营养}$——林木氮元素含量（%）；

　　　$P_{营养}$——林木磷元素含量（%）；

　　　$K_{营养}$——林木钾元素含量（%）；

　　　$B_{年}$——实测林分年净生产力 [吨／(公顷·年)]；

　　　A——林分面积（公顷）；

　　　F——森林生态功能修正系数。

2. 林木营养年积累价值

采取把营养物质折合成磷酸二铵化肥和氯化钾化肥方法计算林木营养积累价值，计算公式：

$$U_{营养} = A \cdot B \cdot \left(\frac{N_{营养} \cdot C_1}{R_1} + \frac{P_{营养} \cdot C_1}{R_2} + \frac{K_{营养} \cdot C_2}{R_3} \right) \cdot F \cdot d \tag{1-23}$$

式中：$U_{营养}$——实测林分氮、磷、钾年增加价值（元／年）；

　　　$N_{营养}$——实测林木含氮量（%）；

　　　$P_{营养}$——实测林木含磷量（%）；

　　　$K_{营养}$——实测林木含钾量（%）；

　　　R_1——磷酸二铵含氮量（%）；

　　　R_2——磷酸二铵含磷量（%）；

　　　R_3——氯化钾含钾量（%）；

　　　C_1——磷酸二铵化肥价格（元／吨）；

　　　C_2——氯化钾化肥价格 (元／吨)；

　　　B——实测林分净生产力 [吨／(公顷·年)]；

　　　A——林分面积（公顷）；

　　　F——森林生态功能修正系数；

　　　d——贴现率。

（五）净化大气环境功能

近年雾霾天气频繁、大范围的出现，使空气质量状况成为民众和政府部门的关注焦点，大气颗粒物（如 PM_{10}、$PM_{2.5}$）被认为是造成雾霾天气的罪魁出现在人们的视野中。如何控制大气污染、改善空气质量成为科学研究的热点。

森林能有效吸收有害气体、吸滞粉尘、降低噪音、提供负离子等，从而起到净化大气作用（图 1-9）。为此，本研究选取提供负离子、吸收污染物（二氧化硫、氟化物和氮氧化物）、滞尘、滞纳 PM_{10} 和 $PM_{2.5}$ 等 7 个指标反映森林净化大气环境能力，由于降低噪音指标计算方法尚不成熟，所以本研究中不涉及降低噪音指标。

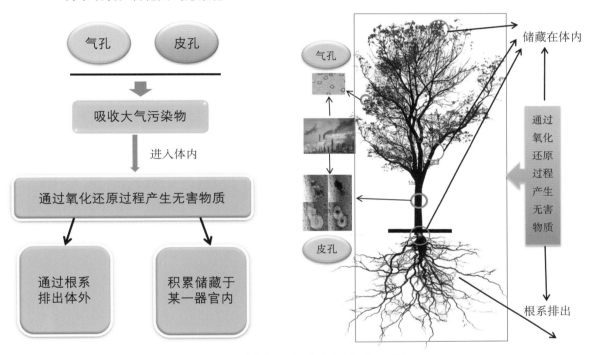

图 1-9　树木吸收空气污染物示意

1. 提供负离子指标

（1）年提供负离子量。公式：

$$G_{负离子} = 5.256 \times 10^{15} \cdot Q_{负离子} \cdot A \cdot H \cdot F / L \tag{1-24}$$

式中：$G_{负离子}$——实测林分年提供负离子个数（个／年）；

　　　$Q_{负离子}$——实测林分负离子浓度（个／立方厘米）；

　　　H——林分高度（米）；

　　　L——负离子寿命（分钟，见附表）；

A——林分面积（公顷）；

　　　　　　F——森林生态功能修正系数。

　　(2) 年提供负离子价值。国内外研究证明，当空气中负离子达到 600 个 / 立方厘米以上时，才能有益人体健康，所以林分年提供负离子价值采用如下公式计算：

$$U_{负离子} = 5.256 \times 10^{15} \cdot A \cdot H \cdot K_{负离子} \cdot (Q_{负离子} - 600) \cdot F \cdot d / L \qquad (1\text{-}25)$$

　　式中：$U_{负离子}$——实测林分年提供负离子价值（元 / 年）；

　　　　　　$K_{负离子}$——负离子生产费用（元 /10^{18} 个，见附表）；

　　　　　　$Q_{负离子}$——实测林分负离子浓度（个 / 立方厘米）；

　　　　　　L——负离子寿命（分钟，见附表）；

　　　　　　H——林分高度（米）；

　　　　　　A——林分面积（公顷）；

　　　　　　F——森林生态功能修正系数；

　　　　　　d——贴现率。

2. 吸收污染物指标

　　二氧化硫、氟化物和氮氧化物是大气污染物的主要物质（图 1-10）。因此，本研究选取森林吸收二氧化硫、氟化物和氮氧化物 3 个指标核算森林吸收污染物的能力。森林对二氧化硫、氟化物和氮氧化物的吸收，可使用面积－吸收能力法、阈值法、叶干质量估算法等。本研究采用面积－吸收能力法核算森林吸收污染物的总量，采用应税污染物法核算价值量。

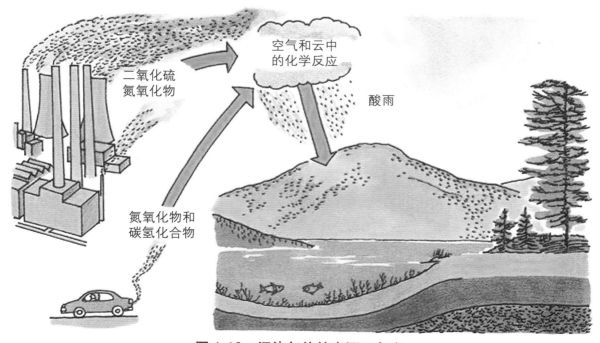

图 1-10　污染气体的来源及危害

（1）吸收二氧化硫。主要计算林分年吸收二氧化硫的物质量和价值量。

① 林分年吸收二氧化硫量计算公式：

$$G_{二氧化硫} = Q_{二氧化硫} \cdot A \cdot F / 1000 \tag{1-26}$$

式中：$G_{二氧化硫}$——实测林分年吸收二氧化硫量（吨／年）；

$Q_{二氧化硫}$——单位面积实测林分年吸收二氧化硫量 [千克／（公顷·年）]；

A——林分面积（公顷）；

F——森林生态功能修正系数。

② 林分年吸收二氧化硫价值计算公式：

$$U_{二氧化硫} = Q_{二氧化硫} / N_{二氧化硫} \cdot K \cdot A \cdot F \cdot d \tag{1-27}$$

式中：$U_{二氧化硫}$——实测林分年吸收二氧化硫价值（元／年）；

$Q_{二氧化硫}$——单位面积实测林分年吸收二氧化硫量 [千克／（公顷·年）]；

$N_{二氧化硫}$——二氧化硫污染当量值（千克，见附表）；

K——税额（元，见附表）；

A——林分面积（公顷）；

F——森林生态功能修正系数；

d——贴现率。

（2）吸收氟化物。

① 林分吸收氟化物年量计算公式：

$$G_{氟化物} = Q_{氟化物} \cdot A \cdot F / 1000 \tag{1-28}$$

式中：$G_{氟化物}$——实测林分年吸收氟化物量（吨／年）；

$Q_{氟化物}$——单位面积实测林分年吸收氟化物量 [千克／（公顷·年）]；

A——林分面积（公顷）；

F——森林生态功能修正系数。

② 林分年吸收氟化物价值计算公式：

$$U_{氟化物} = Q_{氟化物} / N_{氟化物} \cdot K \cdot A \cdot F \cdot d \tag{1-29}$$

式中：$U_{氟化物}$——实测林分年吸收氟化物价值（元／年）；

$Q_{氟化物}$——单位面积实测林分年吸收氟化物量 [千克／（公顷·年）]；

$N_{氟化物}$——氟化物污染当量值（千克，见附表）；

K——税额（元，见附表）；

A——林分面积（公顷）；

F——森林生态功能修正系数；

d——贴现率。

（3）吸收氮氧化物。

①林分氮氧化物年吸收量计算公式：

$$G_{氮氧化物}=Q_{氮氧化物}\cdot A\cdot F/1000 \tag{1-30}$$

式中：$G_{氮氧化物}$——实测林分年吸收氮氧化物量（吨/年）；

$Q_{氮氧化物}$——单位面积实测林分年吸收氮氧化物量[千克/（公顷·年）]；

A——林分面积（公顷）；

F——森林生态功能修正系数。

②年吸收氮氧化物量价值计算公式如下：

$$U_{氮氧化物}=Q_{氮氧化物}/N_{氮氧化物}\cdot K\cdot A\cdot F\cdot d \tag{1-31}$$

式中：$U_{氮氧化物}$——实测林分年吸收氮氧化物价值（元/年）；

$Q_{氮氧化物}$——单位面积实测林分年吸收氮氧化物量[千克/（公顷·年）]；

$N_{氮氧化物}$——氮氧化物污染当量值（千克，见附表）；

K——税额（元，见附表）；

A——林分面积（公顷）；

F——森林生态功能修正系数；

d——贴现率。

3. 滞尘指标

森林有阻挡、过滤和吸附粉尘的作用，可提高空气质量。因此，滞尘功能是森林生态系统重要的服务功能之一。鉴于近年来人们对 PM_{10} 和 $PM_{2.5}$（图 1-11）的关注，本研究在评估总滞尘量及其价值的基础上，将 PM_{10} 和 $PM_{2.5}$ 从总滞尘量中分离出来进行单独的物质量和价值量评估。

（1）年总滞尘量。公式：

$$G_{滞尘}=Q_{滞尘}\cdot A\cdot F/1000 \tag{1-32}$$

式中：$G_{滞尘}$——实测林分年滞尘量（吨/年）；

$Q_{滞尘}$——单位面积实测林分年滞尘量[千克/（公顷·年）]；

A——林分面积（公顷）；

F——森林生态功能修正系数。

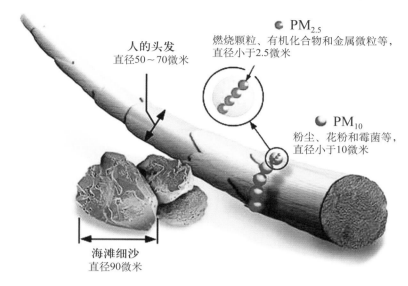

人的头发
直径50～70微米

PM$_{2.5}$
燃烧颗粒、有机化合物和金属微粒等，
直径小于2.5微米

PM$_{10}$
粉尘、花粉和霉菌等，
直径小于10微米

海滩细沙
直径90微米

图 1-11　空气颗粒物粒径示意

(2)年滞尘价值。本研究中，用应税污染物法计算林分滞纳 PM$_{10}$ 和 PM$_{2.5}$ 的价值。其中，PM$_{10}$ 和 PM$_{2.5}$ 采用炭黑尘（粒径 0.4～1 微米）污染当量值结合应税额度进行核算。林分滞纳其余颗粒物的价值一般性粉尘（粒径＜ 75 微米）污染当量值结合应税额度进行核算。年滞尘价值计算公式如下：

$$U_{滞尘} = (Q_{滞尘} - Q_{PM_{10}} - Q_{PM_{2.5}})/N_{一般性粉尘} \cdot K_{滞尘} \cdot A \cdot F \cdot d + U_{PM_{10}} + U_{PM_{2.5}} \tag{1-33}$$

式中：$U_{滞尘}$——实测林分年滞尘价值（元 / 年）；

$Q_{滞尘}$——单位面积实测林分年滞尘量［千克 /（公顷·年）］；

$Q_{PM_{10}}$——单位面积实测林分年滞纳 PM$_{10}$ 量［千克 /（公顷·年）］；

$Q_{PM_{2.5}}$——单位面积实测林分年滞纳 PM$_{2.5}$ 量［千克 /（公顷·年）］；

$U_{PM_{10}}$——林分年滞纳 PM$_{10}$ 的价值（元 / 年）；

$U_{PM_{2.5}}$——林分年滞纳 PM$_{2.5}$ 的价值（元 / 年）；

$N_{一般性粉尘}$——一般性粉尘污染当量值（千克，见附表）；

K——税额（元，见附表）；

A——林分面积（公顷）；

F——森林生态功能修正系数；

d——贴现率。

4. 滞纳 $PM_{2.5}$

（1）年滞纳 $PM_{2.5}$ 量。公式如下：

$$G_{PM_{2.5}} = Q_{PM_{2.5}} \cdot A \cdot n \cdot F \cdot LAI \cdot d \tag{1-34}$$

式中：$G_{PM_{2.5}}$——实测林分年滞纳 $PM_{2.5}$ 的量（千克／年）；

　　　$Q_{PM_{2.5}}$——实测林分单位叶面积滞纳 $PM_{2.5}$ 量（克／平方米）；

　　　A——林分面积（公顷）；

　　　F——森林生态功能修正系数；

　　　n——年洗脱次数；

　　　LAI——叶面积指数。

（2）年滞纳 $PM_{2.5}$ 价值。公式如下：

$$U_{PM_{2.5}} = 10 \cdot Q_{PM_{2.5}} / N_{炭黑尘} \cdot K \cdot A \cdot n \cdot F \cdot LAI \cdot d \tag{1-35}$$

式中：$U_{PM_{2.5}}$——实测林分年滞纳 $PM_{2.5}$ 价值（元／年）；

　　　$Q_{PM_{2.5}}$——实测林分单位叶面积滞纳 $PM_{2.5}$ 量（克／平方米）；

　　　$N_{烟炭黑尘}$——炭黑尘污染当量值（千克，见附表）；

　　　K——税额（元，见附表）；

　　　A——林分面积（公顷）；

　　　n——年洗脱次数；

　　　F——森林生态功能修正系数；

　　　LAI——叶面积指数；

　　　d——贴现率。

5. 滞纳 PM_{10}

（1）年滞纳 PM_{10} 量。公式如下：

$$G_{PM_{10}} = 10 \cdot Q_{PM_{10}} \cdot A \cdot n \cdot F \cdot LAI \tag{1-36}$$

式中：$G_{PM_{10}}$——实测林分年滞纳 PM_{10} 的量（千克／年）；

　　　$Q_{PM_{10}}$——实测林分单位面积滞纳 PM_{10} 量（克／平方米）；

　　　A——林分面积（公顷）；

　　　n——年洗脱次数；

　　　F——森林生态功能修正系数；

　　　LAI——叶面积指数。

（2）年滞纳 PM_{10} 价值。公式如下：

$$U_{PM_{10}} = 10 \cdot Q_{PM_{10}} / N_{炭黑尘} \cdot K \cdot A \cdot n \cdot F \cdot LAI \cdot d \tag{1-37}$$

式中：$U_{PM_{10}}$——实测林分年滞纳 PM_{10} 价值（元／年）；

$Q_{PM_{10}}$——实测林分单位叶面积滞纳 PM_{10} 量（克／平方米）；

$N_{烟炭黑尘}$——炭黑尘污染当量值（千克，见附表）；

K——税额（元，见附表）；

A——林分面积（公顷）；

n——年洗脱次数；

F——森林生态功能修正系数；

LAI——叶面积指数；

d——贴现率。

（六）生物多样性保护价值

生物多样性维护了自然界的生态平衡，并为人类的生存提供了良好的环境条件。生物多样性是生态系统不可缺少的组成部分，对生态系统服务的发挥具有十分重要的作用。Shannon-Wiener 指数是反映森林中物种的丰富度和分布均匀程度的经典指标。传统 Shannon-Wiener 指数对生物多样性保护等级的界定不够全面。本研究增加濒危指数、特有种指数以及古树年龄指数对生物多样性保护价值进行核算，有利于生物资源的合理利用和相关部门保护工作的合理分配。

修正后的生物多样性保护功能核算公式如下：

$$U_{总} = \left(1 + 0.1 \sum_{m=1}^{x} E_m + 0.1 \sum_{n=1}^{y} B_n + 0.1 \sum_{r=1}^{z} O_r\right) S_{生} \cdot A \cdot d \tag{1-38}$$

式中：$U_{总}$——实测林分年生物多样性保护价值（元／年）；

E_m—实测林分或区域内物种 m 的濒危分值（表 1-1）；

B_n—实测林分或区域内物种 n 的濒危指数（表 1-2）；

O_r—实测林分或区域内物种 r 的濒危指数（表 1-3）；

x—计算濒危指数物种数量；

y—计算特有种指数物种数量；

z—计算古树年龄指数物种数量；

$S_{生}$—单位面积物种多样性保护价值量［元／（公顷·年）］；

A—林分面积（公顷）；

d——贴现率。

本研究根据 Shannon-Wiener 指数计算生物多样性价值，共划分 7 个等级：

当指数 <1 时，$S_{生}$ 为 3000[元 /(公顷·年)]；

当 1≤指数＜ 2 时，$S_{生}$ 为 5000[元 /(公顷·年)]；

当 2≤指数＜ 3 时，$S_{生}$ 为 10000[元 /(公顷·年)]；

当 3≤指数＜ 4 时，$S_{生}$ 为 20000[元 /(公顷·年)]；

当 4≤指数＜ 5 时，$S_{生}$ 为 30000[元 /(公顷·年)]；

当 5≤指数＜ 6 时，$S_{生}$ 为 40000[元 /(公顷·年)]；

当指数≥ 6 时，$S_{生}$ 为 50000[元 /(公顷·年)]。

表 1-1　物种濒危指数体系

濒危指数	濒危等级	物种种类
4	极危	参见《中国物种红色名录（第一卷）：红色名录》
3	濒危	
2	易危	
1	近危	

表 1-2　特有种指数体系

特有种指数	分布范围
4	仅限于范围不大的山峰或特殊的自然地理环境下分布
3	仅限于某些较大的自然地理环境下分布的类群，如仅分布于较大的海岛（岛屿）、高原、若干个山脉等
2	仅限于某个大陆分布的分类群
1	至少在2 个大陆都有分布的分类群
0	世界广布的分类群

注：参见《植物特有现象的量化》（苏志尧，1999）。

表 1-3　古树年龄指数体系

古树年龄	指数等级	来源及依据
100～299年	1	参见全国绿化委员会、国家林业局文件《关于开展古树名木普查建档工作的通知》
300～499年	2	
≥500年	3	

（七）森林游憩价值

森林游憩是指森林生态系统为人类提供休闲和娱乐场所所产生的价值，包括直接产值和带动的其他产业产值，直接产值采用林业旅游与休闲产值替代法进行核算。计算公式如下：

$$U_{游憩} = （U_{直接} + U_{带动}）\cdot 0.8 \tag{1-39}$$

式中：$U_{游憩}$——森林游憩价值量（元 / 年）；

$\quad\quad U_{直接}$——林业旅游与休闲产值，按照直接产值对待（元 / 年）；

$\quad\quad U_{带动}$——林业旅游与休闲带动的其他产业产值（元 / 年）；

$\quad\quad$ 0.8——森林公园接待游客量和创造的旅游产值约占全国森林旅游总规模的百分比。

（八）林产品供给价值

林木产品供给功能采用下面的公式进行测算：

$$U_{林木产品} = U_{木材产品} + U_{非木材产品} \tag{1-40}$$

$$U_{木材产品} = \sum_{i}^{n} (A_i S_i U_i) \tag{1-41}$$

式中：$U_{林木产品}$——林木产品供给功能价值（元 / 年）；

$\quad\quad U_{木材产品}$——区域内年木材产品价值（元 / 年）；

$\quad\quad A_i$——第 i 种木材产品面积（公顷）；

$\quad\quad S_i$——第 i 种木材产品单位面积木材供应量 [（立方米 /（公顷·年）]；

$\quad\quad U_i$——第 i 种木材产品市场价格（元 / 立方米）。

$$U_{非木材产品} = \sum_{j}^{n} (A_j V_j P_j) \tag{1-42}$$

式中：$U_{非木材产品}$——区域内年非木材产品价值（元 / 年）；

$\quad\quad A_j$——第 j 种非木材产品种植面积，单位（公顷）；

$\quad\quad V_j$——第 j 种非木材产品单位面积产量 [（千克 /（公顷·年）]；

$\quad\quad P_j$——第 j 种非木材产品市场价格（元 / 千克）。

（九）森林生态系统服务功能总价值

森林生态系统服务功能总价值为上述各分项生态系统服务功能价值之和，计算公式：

$$U_I = \sum_{i=1}^{22} U_i \tag{1-43}$$

式中：U_I——森林生态系统服务功能总价值（元 / 年）；

$\quad\quad U_i$——森林生态系统服务功能各分项价值（元 / 年）。

第二章
内蒙古森工森林资源动态变化及驱动力分析

内蒙古森工是我国四大国有林区之一，地跨呼伦贝尔市、兴安盟 9 个旗市区。包括了林管局所属的阿尔山林业局、绰尔林业局、绰源林业局、乌尔旗汉林业局、库都尔林业局、图里河林业局、伊图里河林业局、克一河林业局、甘河林业局、吉文林业局、阿里河林业局、毕拉河林业局、根河林业局、金河林业局、阿龙山林业局、满归林业局、得耳布尔林业局、莫尔道嘎林业局、大杨树林业局、北大河林业局和诺敏森林经营所等 23 个林业局；北部原始林区管护局所属乌玛、永安山、奇乾 3 个林业局；吉拉林、杜博威 2 个规划局；汗马、额尔古纳、毕拉河 3 个国家级自然保护区。依据 2018 年森林资源连续清查数据显示，林地面积 1029.60 万公顷，森林面积 837.02 万公顷。

第一节　地理环境概况

一、地质构造

内蒙古森工所在区域属于新华夏构造带，它在古生代晚期被抬升为陆地，到中生代受燕山运动的强烈作用，伴有中性酸性岩浆的侵入和喷出（花岗岩、流纹岩、粗面岩较广，玄武岩较少）。燕山运动后，地壳处于相对稳定状态，长期在外力侵蚀作用下，致使山体浑圆，沟谷宽阔，造成夷平面清晰的地貌形态。喜马拉雅运动使其发生了以扭曲上升和断裂为主的构造运动，顺原华夏构造剧烈上升。最高海拔为 1199 米，最低为 784 米，平均海拔976.5 米，属低山区。该区总的趋势为东北高、西南低，东北西南走向的坡度 3°～ 30°，平均坡度在 15° 左右，沟系长且宽阔。

二、地理位置

内蒙古大兴安岭林区东连黑龙江，西接呼伦贝尔大草原，南至洮儿河，北部和西部与俄罗斯、蒙古国毗邻，地跨呼伦贝尔市、兴安盟9个旗市区，大兴安岭北起黑龙江畔，南至西拉木伦河上游谷地，东北—西南走向，全长1200多千米，宽200～300千米，其地理坐标为东经119°36′26″～125°24′10″，北纬47°03′26″～53°20′00″（图2-1），是我国最大的集中连片国有林区。

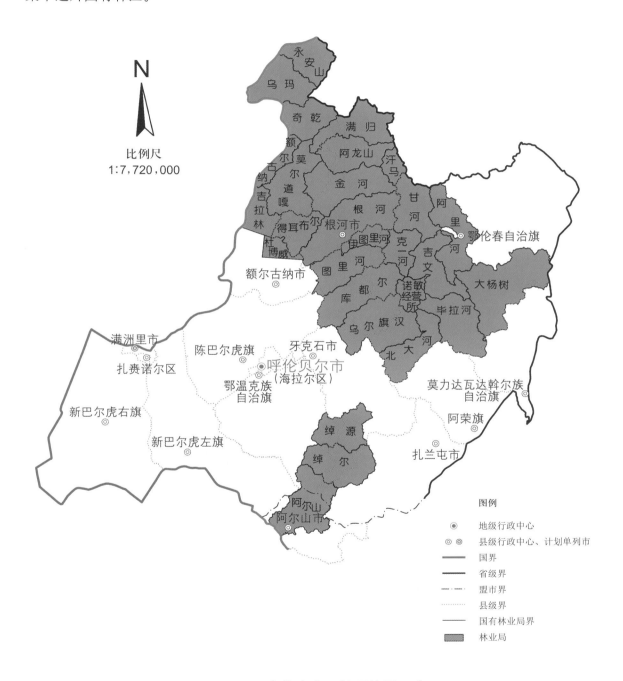

图2-1　内蒙古森工地理位置示意

三、地形地貌

依据《内蒙古森工集团大兴安岭林管局志》，内蒙古森工地貌主要分为山地和丘陵两种类型。林区北部以块状—褶皱中低山为主，海拔700～1300米。林区中南部（金河以南至阿尔山）属于剥蚀低山、中山区，褶皱低山，海拔1000～1500米。内蒙古大兴安岭林区呈北低南高、东低西高地貌。有大小山峰25905座，其中海拔800米以上山峰25823座，林区第一高峰是位于阿尔山林业局南沟林场的特尔莫山，海拔1745.2米；林区中东部最高峰是位于甘河林业局乌里特林场的大白山，海拔1528.7米；北部最高峰是位于阿龙山林业局先锋林场的奥克利堆山，海拔1520米。林区相对高度最高的山是位于莫尔道嘎林业局激流河林场的1042米高地，相对高度795.4米。林区最低处位于毕拉河林业局诺敏河岸，海拔268米。

内蒙古大兴安岭林区主山脉两侧呈明显不对称性，东侧较陡，西侧较缓。西侧与内蒙古高原毗邻处的海拔为600～700米，东侧与松嫩平原交界处海拔为200米，这表明内蒙古大兴安岭高出内蒙古高原仅400～500米，而高出松嫩平原则达800～1000米。内蒙古大兴安岭林区丘陵介于林区山地与松嫩平原向山地发展，由东向西可划分为浅丘、丘陵。东侧多波状丘陵，主要分布在大杨树林业局和毕拉河林业局，呈东北—西南向延伸。丘陵地区海拔在400米以下，相对高差较小，为100～200米。丘陵顶部广阔而平坦，丘陵坡度5°～20°。

四、气候条件

内蒙古大兴安岭地处欧亚大陆中高纬度地带，属寒温带大陆性季风气候区，有"高寒禁区"之称。受大兴安岭山地的阻隔，岭东和岭西的气候有显著差异。岭东气候温和雨量较大，属于半湿润气候；内蒙古大兴安岭山地为寒冷湿润森林气候；岭西属于半湿润森林草原气候。

林区冬季在极地大陆气团控制下，气候严寒、干燥；夏季受副热带高压海洋气团影响，降水集中，气候温热、湿润。冬季漫长而严寒，夏季短暂而湿热，春季多风而干旱，秋季降温急骤，常有霜冻。

依据《内蒙古森工集团大兴安岭林管局志》统计，内蒙古大兴安岭年平均气温−2.4℃，年平均最高气温为5.1℃，年平均最低气温−9.3℃。山地平均气温−5～−2℃，岭西−3～0℃，岭东−2～0℃。岭西自西南向东北，岭东自东南向西北年平均气温逐渐降低。林区平均无霜期小于100天。1996年以来，年平均气温0.1℃，年平均最高气温6.4℃，年平均最低气温−6.5℃。年平均气温较过去有所上升。林区最冷月（1月）平均气温：山地为−31～−24℃，岭东为−22～−18℃，岭西为−28～−22℃。林区大部分地区极端最低气温在−40℃以下，根河、图里河气温最低。2001年2月图里河最低气温达−49.6℃。林区北部是全国同纬度最冷的地方。林区最热月（7月）平均气温：山地为16～18℃，岭东20～21℃，岭西18～21℃。

极端最高气温可达 37℃ 以上。2001 年 6 月 25 日，毕拉河林业局最高气温达 39.4℃。林区的雨量线大体与大兴安岭山体平行，受地形和季风活动的影响，降水量由岭东到山地岭西递减。1996 年以来，林区年平均降水量 372.2 毫米，年平均蒸发量 112.6 毫米，平均相对湿度 63.9%，湿润度 1.0。

五、水文状况

内蒙古大兴安岭林区河流密布，分为两大水系；一、二级河流共 984 条在这里汇聚奔流。以大兴安岭山脉为界，岭东的河流流入嫩江，称嫩江水系；岭西的河流流入额尔古纳河，称额尔古纳水系。林区境内有大小河流 7146 条，总长 34938 千米。林区长 30 千米以上河流 135 条，总长 9443 千米，境内最长的河流为诺敏河，其次是激流河。诺敏河属嫩江水系，发源于大兴安岭支脉伊勒呼里山南麓，全长 467.9 千米，流域面积 2.57 万平方千米。林管局境内河长 365.1 千米，流域面积 1.99 万平方千米。为防止生态继续恶化，河床两岸大量植树、固沙治土，实行林畜牧综合治理。激流河属额尔古纳水系，发源于大兴安岭西北麓的三望山，全长 331.5 千米。流域面积 1.59 万平方千米，有支流 300 条。激流河是中国北部原始林区水面最宽、弯道最多、落差最大、河水流量充沛的原始森林河。激流河流域绝大部分尚未开发，仍保持原始生态环境。内蒙古大兴安岭最大的湖泊是毕拉河林业局的达尔滨湖，面积 352 公顷，其次是阿尔山林业局的松叶湖，面积 314 公顷。另外，3 个 100 公顷以上的湖泊均在阿尔山境内。

六、土壤条件

大兴安岭地区特有的土壤有机质和微量元素居全国之首，肥沃且无污染，为多年冻土带。大兴安岭森林土壤类型主要有：棕色针叶林土、暗棕壤、灰黑土、草甸土和沼泽土。土壤的垂直分布不明显，北部棕色针叶林土分布在海拔 800～1500 米；灰色森林土分布在海拔 500～1100 米；黑钙土分布在海拔 900～1200 米；暗棕壤分布在海拔 800 米以下；黑土分布在海拔 750 米以下；草甸土分布在谷地和阶地；沼泽土、泥炭土分布在河谷及低洼处。南部棕色针叶林土分布在海拔 900～1700 米；灰色森林土分布在海拔 900～1200 米；暗棕壤分布在海拔 500～900 米；草甸土、沼泽土分布在海拔 900 米以下；黑钙土多分布在海拔 800 米以下。

七、旅游资源

内蒙古大兴安岭是森林的海洋、河流的故乡，动物的乐园，植物的王国，享有"千里兴安，千里画卷""绿色生态王国""野生动植物乐园""天然氧吧"之美称。依托于丰富的自然、人文资源和极具潜力的经济发展势态，内蒙古大兴安岭旅游产业持续快速发展。

历史遗址主要有：阿里河境内的鲜卑遗址嘎仙洞；莫尔道嘎境内的成吉思汗遗址；乌尔

旗汗境内的辽代古城遗址；绰源境内的"日军侵华工事"遗址等。

民族风情主要有蒙古歌舞、鄂温克驯鹿、达翰尔篝火等。

著名山峰主要有奥克里堆山、龙岩山、凝翠山、四方山、摩天岭、诺敏大山等。

目前已建成阿尔山、莫尔道嘎白鹿岛、毕拉河达尔滨湖、阿里河相思谷、绰源等 8 个国家级森林公园，汗马、额尔古纳 2 个国家级自然保护区，共 100 多处森林旅游景区。先后推出了森林风光游、冰雪游、民俗游、边境口岸游、森林度假游、森林探险、狩猎等多项旅游项目。其独特的自然景观、森林文化、民风民俗吸引了国内外的游客前来观光旅游。

截至 2011 年，共接待游客 34.45 万人次，实现旅游综合收入 2.42 亿元，旅游从业人员达到 12305 人，仅"十一五"期间，接待国外游客 124.96 万人次，旅游综合收入 7.4 亿余元。当前，内蒙古森工正在不断完善海拉尔—满洲里—阿尔山、海拉尔—室韦—莫尔道嘎、牙克石—根河—满归、加格达奇—阿里河—克一河—达尔滨湖、乌兰浩特—阿尔山旅游精品线路等措施，为发展通用航空旅游，做大做强内蒙古大兴安岭林区森林生态旅游描绘出一份崭新的蓝图。

八、野生动植物资源

内蒙古大兴安岭面积辽阔，森林资源丰富，在广袤的林海中，已发现 1848 种野生植物。据多年调查研究及文献资料统计，林区已知有野生植物 203 科 719 属 2067 种（含变种、变型），其中，真菌 36 科 89 属 276 种；地衣植物 10 科 15 属 58 种；苔藓植物 59 科 124 属 272 种；蕨类植物 13 科 21 属 47 种；裸子植物 3 科 6 属 9 种；被子植物 92 科 464 属 1405 种。林区共有树木 27 科 55 属 166 种。其中，乔木 35 种；灌木 131 种。林区湿地植物资源也比较丰富，据第二次全国湿地资源调查资料统计，林区共有湿地植物 102 科 241 属 647 种。

依据第一批《国家重点保护野生植物名录》（1988 年 12 月 10 日国务院批准，1989 年 1 月 14 日国家林业部、农业部令第 1 号令发布），林区共有国家重点保护植物 8 种。依据《内蒙古珍稀濒危保护植物名录》（内政办发〔1988〕118 号）通知，林区共有自治区珍稀濒危保护植物 26 种。依据内蒙古自治区人民政府 2010 年 7 月 8 日批准的《内蒙古自治区珍稀林木保护名录》知，林区共有内蒙古自治区珍稀林木 14 科 19 属 24 种。内蒙古大兴安岭林区列入国家重点保护野生药材物种名录共计 6 科 7 属 13 种，野生经济植物资源见表 2-1。

表 2-1   内蒙大兴安岭地区主要经济野生植物种类

分类	主要野生植物种类
药用	黄芪、黄芩、龙胆、防风、兴安升麻、芍药、桔梗、金莲花等200种
食（药）用真菌	木耳、猴头、松口蘑（松茸）、蜜环菌、牛肝菌、侧耳等36科89属276种
森林蔬菜	蕨菜、黄花菜、沙参、山韭、水蒿、狭叶荨麻、燕子尾等40种
饮料、果酒	悬钩子、水葡萄茶藨子、蓝靛果忍冬、兴安茶藨子等

内蒙古大兴安岭分布有国家重点保护野生动物共计 72 种，其中国家 I 级重点保护动物 16 种，国家 II 级重点保护野生动物 56 种。根据《中国东北植被地理》和《中国动物地理》，内蒙古大兴安岭属古北界—东北区—大兴安岭亚区—大兴安岭山地，脊椎动物资源以寒温带栖息类型的动物为主，统计本区共有脊椎动物 390 种，包括圆口类 1 种，鱼类 42 种，两栖类 7 种，爬行类 7 种，鸟类 276 种，哺乳类 57 种。在绿色中繁衍生息着寒温带马鹿、驯鹿、驼鹿（犴达犴）、梅花鹿、棕熊、紫貂、飞龙、野鸡、棒鸡、天鹅、獐、麋鹿（俗称"四不像"）、野猪、乌鸡、雪兔、狍子（矮鹿、野羊）等各种珍禽异兽 400 余种，成为世界上不可多得的动物乐园。调查显示，林区列入国家2000年8月1日发布的《国家保护的有益的或者有重要经济、科研价值的陆生野生动物名录》达 253 种之多。尤为难得的是曾多次拍到以前林区野生动物名录里没有或林区新分布的物种，见表 2-2。截至 2018 年，调查发现全林区分布有陆生野生动物资源 375 种（399 亚种），较上期（1995—1999 年）调查 341 种（367 亚种，不含引入物种）增加了 34 种。

表 2-2   内蒙大兴安岭地区主要野生动物种类（未入名录或新分布）

区域	主要野生动物种类
内蒙古大兴安岭	草原旱獭、白琵鹭、黑水鸡、黑翅长脚鹬、金眶鸻、鸥嘴噪鸥、蒙古百灵、灰斑鸠、红尾鸫等

第二节 森林资源动态及驱动力分析

内蒙古森工是我国四大国有林区之一，无论是过去在木材生产支援国家建设，还是在生态服务的提供上都起着重要作用；也是中国最大的亚寒带原始森林，有天然林 15.2 万平方千米，人均占有量居全国之首。

大兴安岭的主体林区是北方针叶林林区，该针叶林带是由浅根性耐寒、喜光的落叶松林以及白桦、杨树、蒙古栎、黑桦等植物群落组成。其中，兴安落叶松占绝对优势，在海拔 1000 米以上分布着偃松—落叶松林；在海拔 1000 米以下分布着杜鹃—落叶松林；在缓坡、漫岗上分布着草类—落叶松林；在缓坡下部，由于永冻层影响，排水不良，形成了泥炭藓—杜香—落叶松林；林缘及谷地分布以丛桦、越橘、薹草为主的湿地化灌丛，河滩多被塔头薹草、灰脉薹草等群落占据。

大兴安岭西侧中低山地分布有两大过渡带，中北部为以白桦、山杨林为主的过渡带，白桦占绝对优势；中、南部为林草结合的沙地樟子松林及灌木丛林过渡带；大兴安岭岭东南部，从东北向西南分布着以胡枝子—蒙古栎林为主的落叶阔叶林，该阔叶林带有时也混生兴安落叶松，形成针阔混交林。

一、森林资源时间尺度变化

森林资源是林业生态建设的重要物质基础，增加森林资源以及保障其稳定持续发展是林业工作的出发点和落脚点。森林资源消长变化的驱动因子很多，包括森林资源自身生长和枯损的自然规律、自然的破坏、人为破坏等。当受到这些因子的干扰时，森林资源的数量和质量始终处于变化中。对森林的管理是加强和保护森林资源、提高森林生态效益、促进生态安全的需要；是增强森林资源信息的动态管理、分析、评价和预测功能，提高宏观决策科学化的需要；是加快现代化建设具有全局性、战略性的基础工作。定期开展调查并及时掌握内蒙古森工森林资源状况及其消长变化，对科学经营、利用、保护和管理森林资源具有重要意义。

本节以内蒙古森工 1998 年和 2018 年两次森林资源调查数据为基础，研究森林资源的动态变化，客观反映内蒙古森工森林资源的变化状况。

（一）森林资源数量变化

1. 森林面积

依据《内蒙古大兴安岭林管局志（2000—2011）》，2011 年内蒙古森工林业主体生态功能区总面积 10.67 万平方千米，相当于 3 个海南省、1 个浙江省面积，森林覆盖率 78.39%。本次通过对 1998—2018 年这两期森林资源面积进行统计发现，内蒙古森工森林面积从 1998 年的 744.01 万公顷（其中，灌木林 6.44 万公顷）增加到 2018 年的 837.02 万公顷；20 年间森林面积净增长 93.01 万公顷，增加了 12.5%（图 2-2）。森林资源面积增加与国家政策、林区森林资源管理力度密切相关，主要原因包括以下几方面：

一是随着内蒙古森工天然林资源保护工程野生动植物保护和自然保护区建设等的稳步推进，森林资源面积和森林覆盖率不断提升，森林生态建设取得显著成果。天然林资源保护工程实施前（2000 年），天然林资源保护工程区内有林地面积 741.51 万公顷，蓄积量

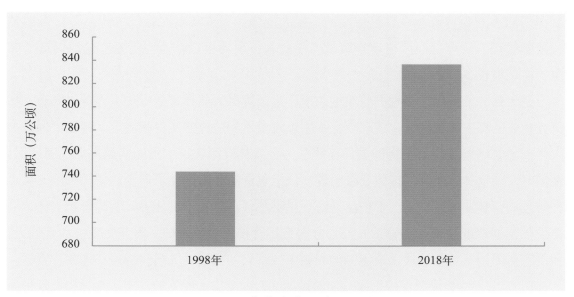

图 2-2 内蒙古森工森林面积

为 61150.61 万立方米；幼、中龄林面积 467.74 万公顷，占 63.08%，幼、中龄林蓄积量是 32032.99 万立方米，占 52.38%；成、过熟林面积 207.67 万公顷，占 28%，成、过熟林蓄积量是 2285.55 万立方米，占 37.43%。天然林资源保护工程实施后（2015 年），天然林资源保护工程区内有林地面积 770.09 万公顷，蓄积量是 72331.58 万立方米；幼、中龄林面积 460.51 万公顷，占 59.80%，幼、中龄林蓄积量是 36972.69 万立方米，占 51.12%；成、过熟林面积 192.21 万公顷，占 24.96%，成、过熟林蓄积量是 23413.51 万立方米，占 32.37%。内蒙古森工天然林资源保护工程区森林资源统计见表 2-3。

二是森林资源管理和保护意识不断加强，林地流失数量减少。内蒙古森工有着完备的森林资源管理、森林资源监督、森林资源监测机构，形成了完善的森林资源管理体系和管理模式，建立了健全的森林资源监督、管理及监测规章制度。在全林区范围内，连续多年

表 2-3 内蒙古森工天然林资源保护工程区森林资源统计

龄林	天然林资源保护工程实施前（2000 年）				截至 2015 年			
	面积 （万公顷）	比例 （%）	蓄积量 （万立方米）	比例 （%）	面积 （万公顷）	比例 （%）	蓄积量 （万立方米）	比例 （%）
合计	741.51	100.00	61150.61	100.00	770.09	100.00	72331.58	100.00
幼龄林	123.18	16.61	5023.38	8.21	65.66	8.53	2254.38	3.12
中龄林	344.56	46.47	27009.61	44.17	394.85	51.27	34718.31	48.00
近熟林	66.10	8.92	6232.07	10.20	117.37	15.14	11945.38	16.51
成熟林	145.74	19.65	16190.69	26.48	140.99	18.31	16640.15	23.01
过熟林	61.93	8.35	6694.86	10.95	51.22	6.65	6773.36	9.36

开展声势浩大的森林资源百日宣传活动，极大地强化了森林资源保护意识，对征占用林地实行限额管理，管理部门严格审核审批、专业人员现场核查，这些措施有效地促进了林地资源的稳定增长。

三是天然林资源保护工程的政策性改变。为了确保天然林资源保护工程深入推进，林区定位为林业生态主体功能区，清理废止了生态建设不相适应的文件和规定，制定了保障和发挥大兴安岭林区整体生态功能的具体措施，为天然林资源保护工程的实施提供了制度保证。与此同时，结合林区实际，按照分级管理、分工负责的原则建立了健全的管护制度。重点国有林管理局、林业局、林场、管护员（站）层层签订森林管护责任书，明确管护责任，同时根据管护工作职能要求，将管护人员划分为直接管护、专业管护、季节性管护和管辅人员，因地制宜对不同区域和地段采取不同的管护方式，切实做到"人员、标志、地块、责任、奖惩"五落实。天然林资源保护工程一期建设期间，内蒙古大兴安岭落实了森林资源管护面积887.8万公顷，超过《天然林资源保护工程实施方案》规划管护面积79.7万公顷；建设各类公益林733591公顷，超过国家下达计划11558公顷；逐步对原有159个场级建制林场进行撤并，新增林地4万亩，扩大生态功能区面积，进行植树造林，恢复原生态。2015年4月1日，国家林业局决定全面停止内蒙古等重点国有林区商业性采伐，并于3月31日在根河林业局乌力库玛林场举行停伐仪式，标志着内蒙古大兴安岭林区正式"停斧挂锯"，伐木人变身"森林卫士"，开启了生态文明建设的新时代。20年间，国家实施的这些林业生态工程，保护和恢复了生态环境。预示着内蒙古大兴安岭各项生态建设取得显著成效，进一步筑牢了祖国北疆生态安全屏障。

2. 森林蓄积量

从图2-3可以看出，1998—2018年，内蒙古森工森林蓄积量从6.39亿立方米增加到9.41亿立方米，增长了3.02亿立方米，相比1998年，2018年森林蓄积量增加了47.06%。首先是有林地面积的增加导致森林资源蓄积量的增加；其次是由于森林培育力度加大，林木生长速度加快，林木生长量提高，以及实施的森林资源保护、自然保护区建设、森林公园建设、森林管护等手段加强。森林质量发生如此翻天覆地的变化，均与近些年的林业生态建设有直接的关系，主要体现如下：

天然林资源保护工程：内蒙古森工1998年启动实施天然林保护一期工程，主要通过调减木材产量加快森林中、幼龄林的扶育，从1998年到2000年年底抚育了830多万亩。另外，林区的造林苗地建设也不断加快，全林区10万亩以上的工程造林基础地达15个。截至2008年年底，工程区森林面积为809.58万公顷，占全国森林覆盖率的82.86%；森林蓄积量69070.1万立方米，占全国林木蓄积量的6.0%。2011年天然林资源保护工程二期全面实施。2015年，全面停止东北、内蒙古等重点国有林区商业性采伐，使森林蓄积量呈现增加的趋势。

自然保护区建设：内蒙古森工现有自治区级及以上自然保护区8处。其中，国家级3处、

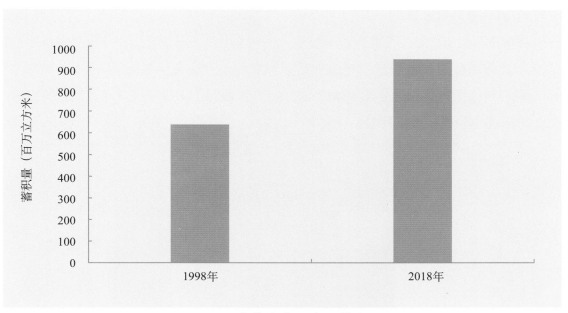

图 2-3 内蒙古森工森林蓄积量

自治区级 1 处、省部级 4 处，总面积 123.02 万公顷。

公园建设：国家湿地公园（含试点）12 处。其中，国家湿地公园 4 处，试点国家湿地公园 8 处，总面积 13.55 万公顷；湿地保护小区 26 个，总面积 42.98 万公顷。国家森林公园 9 个，总面积 422119 公顷。

森林管护：森林管护人员总计 2219 人，管护站 513 座，面积 4 万平方米；其中，移动式管护站 71 座，固定管护站中与木材检查站及瞭望塔合用的 85 座；移动管护岗 68 个，管护标志牌 390 块，管护责任落实率为 100%。天然林资源保护工程二期，森林管护面积占全国管护面积的 8.37%；森林管护理费 72.49 亿元；2018 年，内蒙古森工争取资金 4681 万元，对 139 个管护站进行了新建改造，对 424 个管护站点进行了新能源升级。特别是大杨树林业局经过多年管护经验的探索并结合实际情况，因地制宜地采取了多种行之有效的森林资源管护方式，包括管护站、巡护队和家庭生态林场等。绰源林业局在天然林保护办公室下设直属管护大队，将重点地区和重点管护站直接管理，部分重点管护区域实现了管护工作与防火电子眼相结合，提高了管护的精准度。

森林资源保护：坚持依法治林。2000—2010 年共破获各类资源林政案件 20644 起；森林防火通过理念创新，使得森林火灾发生率、森林受害面积和蓄积量环比下降 70%；2018 年，林区森林火灾次数、受害森林面积同比下降 40% 和 51%，森林受害率 0.7‰，未发生人为森林火灾和人身伤亡事故。得耳布尔林业局取得了连续 60 年无森林火灾的可喜成绩。

以上森林资源保护的举措均对保护森林资源、提高林木蓄积产量、扩大森林资源优势等起到积极的促进作用。

（二）森林资源质量变化

森林单位面积蓄积量、单位面积生长量、森林健康状况等是衡量森林质量的重要指标。本研究以森林单位面积蓄积量指标来分析森林资源质量变化。从图2-4可知，1998年和2018年森林单位面积蓄积量分别为86.82立方米/公顷和114.49立方米/公顷。与1998年相比，2018年单位面积蓄积量增长了31.87%。

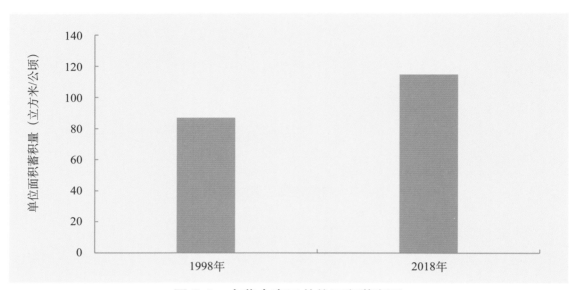

图2-4　内蒙古森工单位面积蓄积量

内蒙古森工通过林木种苗及良种繁育生产、人工更新造林、森林抚育、林业有害生物防治、森林草原防火等措施，在提高森林面积和蓄积量的同时，森林质量也在不断提高；通过补植、移植等手段，提高林木成活率和保存率，有效增加森林的后备资源；通过调整林业投资结构，组织开展森林抚育和低质低效林的改造，改变树种单一、生态功能低下、林地生产力不高的状况。提高林木单位面积蓄积量，并且通过引进科学的管理理念、管理方法，以质量为先导，实行全过程的质量管理，逐步实现森林资源管理科学化、规范化。正是由于这些管护措施的实施，使得内蒙古森工森林面积和蓄积量逐渐增加，森林质量逐渐提高。

林木种苗及良种繁育生产：内蒙古森工通过加强林木良种采收，提高基地供种率、良种使用率；建立种子储备制度，确保林区用种安全。重点加强保障性苗圃、中心苗圃的建设，提高经营管理水平，保障林区生态建设用苗需求。积极采用大棚容器育苗、组织培育等新技术，提高林木种苗繁育技术和装备水平等措施来强化林木良种选育工作。

人工更新造林：20年间累计完成人工造林超过266万亩。其中，2001—2011年，累计完成人工更新造林175.13万亩，合格面积141.80万亩，其中采伐迹地人工更新35.13万亩，火烧迹地人工更新42.03万亩，宜林荒山荒地造林59.93万亩；2018年人工造林3万亩、补植补造27.01万亩、森林保险植被恢复5026亩、异地补植4万亩。

森林抚育：森林抚育是提高森林质量和林地生产力、促进林业发展方式转变，实现森林蓄积量提升的重大举措。20 年间，内蒙古森工累计完成森林抚育 6953 万亩；其中，"十一五"期间累计完成森林抚育 1052 万亩；2018 年完成森林抚育任务 586 万亩。

林业有害生物防治：2001—2011 年，发生的林业有害生物的种类主要是落叶松早落病、落叶松枯梢病、落叶松癌症、樟子松疱锈病、落叶松毛虫、云杉大黑天牛、东方田鼠、莫氏田鼠等，累计发生面积 2127.70 万亩。累计防治林业有害生物面积为 1904.2 万亩，其中，防治病害 158.43 万亩、防治虫害 1157.91 万亩、防治森林鼠害 587.86 万亩；2017 年，对阿尔山林业局阔叶树重大食叶害虫和库都尔林业局模毒蛾开展了飞机防治，防治面积达 154.8 万亩，防治效果达到 95% 以上，2018 年开展有害生物防治面积 240 万亩。

植树造林：坚持适地适树、混交造林原则，因地制宜地选择生物学特性、生态学特性与立地条件相适应的造林树种，同时选择两种以上适应性、抗逆性和种间协调的树种按照不同配置方式进行造林。在具体方法上，按照先阳坡后阴坡、先坡上后坡下顺序开展造林，选择在春季土壤化冻的过程中，土壤含水量高、墒情好的时候顶浆造林。这些举措确保了苗木成活、成长、成林。

（三）森林资源结构变化

北方针叶林区是大兴安岭林区的主体，该针叶林带是以浅根性耐寒、喜光的落叶松林为主，以及白桦、杨树、蒙古栎、黑桦等组成的植物群落为主。为了更好地分析不同树种资源的变化情况，选取落叶松 [*Larix gmelinii* (Rupr.) Kuzen.]、桦木 (*Betula*)、栎树 (*Quercus* L.)、樟子松 (*Pinus sylvestris* var. *mongolica*)、柳树 (*Salix babylonica*)、榆树 (*Ulmus pumila* L.)、云杉 (*Picea asperata* Mast.) 等 12 个优势树种（组），探讨不同优势树种（组）的变化，为森林管理提供依据和参考。

1. 优势树种（组）面积的变化

由图 2-5 至图 2-6 可知，两期中落叶松的面积最大均占绝对优势，其次为白桦。与 1998 年相比，2018 年落叶松和白桦的面积分别上涨 11.05% 和 12.88%。相比之下，2018 年其他软阔类树种的面积增幅最大；树种种类增多，从而使得森林生态系统的稳定性增强。

通过图 2-5 和图 2-6 可以看出：落叶松面积占主导优势，白桦次之。两期森林资源比较杨树类和柳树的面积减少，可能原因是由于人为活动（采伐更新、抚育间伐）所致。落叶松是寒温带和温带树种，成活率高，对气候的适应能力强，早期速生、成林快、适宜山地栽培和木材用途广泛，加之其经营成本低，获取经济效益早的特性，使得落叶松成为了短期工业用材林基地的主要造林树种（李红艳，2013）。正是由于落叶松的特性，在历年造林中都会作为造林树种之一，从而使得落叶松的面积逐渐增加。

栎类树种基本保持稳定。栎类—落叶松在大兴安岭是一种过渡植被类型。原生的落叶松经过采伐、火烧等干扰之后，以栎类为主以及软、硬落叶类树种入侵形成，所以其结构

38

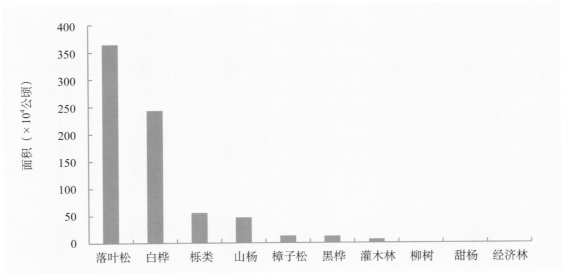

图 2-5　内蒙古森工优势树种（组）**面积变化**（1998 年）

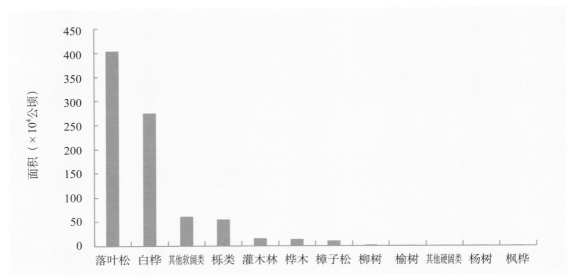

图 2-6　内蒙古森工优势树种（组）**面积变化**（2018 年）

不稳定，但是分布较为广泛，且在改善森林土壤方面具有重要的作用。

　　白桦作为寒温带典型的阔叶树种，耐寒、速生，对病虫害有免疫力，用于重新造林、控制水土流失、防护覆盖或作保育树木。因此，在森林资源消长变化过程中处于增加趋势。其他软阔类生长较快、材质好、适应性强，能适应土壤水分较少的山脊及向阳山坡，以及较干旱的砂地及石砾砂土地区，也作为大兴安岭山区及西部砂丘地区的造林树种。

　　杨树作为北方的速生树种，由于其速生丰产性以及广泛适生性使得杨树成为重要的用材林来源之一，被广泛种植，面积呈现增加趋势。

　　樟子松生长较快，材质好，适应性强，为喜光性强的深根性树种，能适应土壤水分较少的山脊及向阳山坡，以及较干旱的砂地及石砾砂土地区，多成纯林或与落叶松混生，可作大兴安岭山区及西部砂丘地区的造林树种。

其他软阔类树种面积大幅度增加，主要是因为落叶松和樟子松在造林中占主导地位，纯林结构单一，稳定性差，容易受到多种鼠害的袭扰，难以形成顶级群落，另外由于落叶松生长较慢、材质硬易环裂，不宜改性深加工。所以，增加软阔类树种、灌木林、桦木和榆树等树种是为了调节树种结构比例，优化树种组成，充分利用土壤养分和水分等条件，发挥其生产潜力，提高林分质量和林木生长量，最大限度提高森林的综合效益，增强对各种自然灾害的抵抗能力，这也是保护物种多样性，实行分类经营，提高抵御各种风险能力以及提高森林综合效益的有效途径。

2. 优势树种（组）蓄积量的变化

内蒙古森工森林资源中，两个时期比较，落叶松林蓄积量增加 14118.95 万立方米，增幅为 43.54%。落叶松是东北地区主要三大针叶用材林树种之一，在东北地区分布广泛。随着天然林资源保护工程的实施，全面停止了对天然林资源的砍伐，加强了对森林的抚育、管理和更新，使得落叶松林蓄积量增长。两个时期比较，白桦林的蓄积量增加 10688.82 万立方米，增幅为 51.81%。白桦多分布在大兴安岭东西两侧山地边缘，对控制水土流失有很好的作用，随着资源面积增加和演替，其蓄积量也有一定幅度的增加（图 2-7 和图 2-8）。

20 年间栎类蓄积量增加了 965.78 万立方米，增幅为 29.52%。栎树因其树干奇特苍劲、树形优美、枝繁叶茂、耐修剪、易造型，材质坚实、纹理细密而备受人们喜爱，多作观赏树种或者供应家居市场。又因其更新生长较慢，易被其他速生树种替代。

樟子松耐旱性强，是内蒙古大兴安岭重点国有林区历年来改善生态减缓土地沙化的主要造林树种，蓄积量降低了 234.02 万立方米。

其他软阔类树种的蓄积量明显增加。这主要是由于内蒙古大兴安岭的落叶松和樟子松

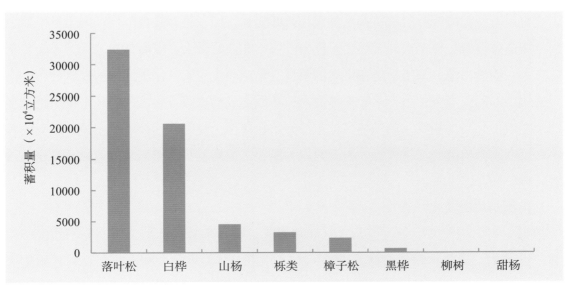

图 2-7　内蒙古森工优势树种（组）蓄积量变化（1998 年）

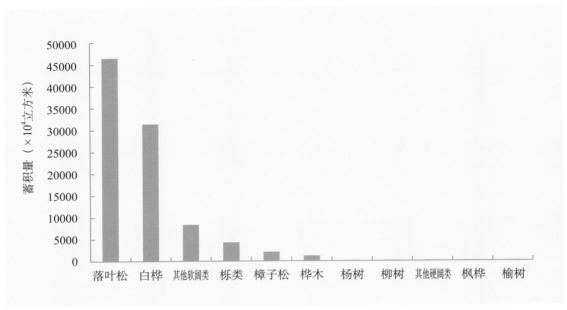

图 2-8　内蒙古森工优势树种（组）蓄积量变化（2018 年）

占主导地位。纯林的结构单一，稳定性差，为了充分利用土壤养分和水分等环境条件，发挥其生产潜力，特开展阔叶树木良种基地的建设，调整树种结构，提高阔叶林树种造林比重，改变内蒙古大兴安岭树种结构单一的状态。

柳树、榆树、枫华多分布于河谷两岸，大部分由人工种植。两个时期比较，柳树和榆树蓄积量分别增加了 121.83 万立方米、7.75 万立方米和 70 万立方米。其他硬阔类也在大兴安岭地区有小面积种植，蓄积量也有所增加，增加量为 14.36 万立方米。

相关研究表明，落叶松是大兴安岭林区稳定的气候演替顶级群落，在没有重大外力干预下，不会被其他群落所替代，即使在完全裸露的地段——皆伐迹地、弃耕地的农田、路边裸地，也可以不经过阔叶林阶段直接恢复成为落叶松林。樟子松林是该气候区内干旱生境上的砂质土壤演替顶级。樟子松的天然更新能力较强，在内蒙古大兴安岭林西北部樟子松分布较广。在大兴安岭山地，樟子松能在干旱的阳坡三角崖面上生长，呈不连续的岛状分布。白桦林是在偏湿润的生境条件下，落叶松林遭受破坏后形成的次级群落。它们几乎都出现在湿润的凹形缓坡上。与此相反，黑桦林、栎类却分布在岗顶、陡峭的阳坡等旱生境。所有的次生群落，正在逐渐向落叶松林演替。积极的人为措施，很容易将这类森林改造成落叶松林（顾云春，1985）。

3. 龄组结构的变化

根据生物学特性、生长过程及森林经营要求，将乔木林按林龄阶段划分为幼龄林、中龄林、近熟林、成熟林和过熟林。1998—2018 年不同林龄组的森林面积和森林蓄积量变化如图 2-9、图 2-10。

由图 2-9 可知，两个时期均是中龄林和成熟林面积居首位。其中，中龄林面积两个时期分别占 36.99%（2018 年）和 40.27%（1998 年），成熟林面积两个时期分别占 23.09%（2018 年）和 40.27%（1998 年）。与 1998 年相比，2018 年幼龄林的面积降低了 66.64%，但是中龄林、近熟林、成熟林和过熟林的面积均增加，增长率分别是 4.24%、69.5%、58.69% 和 65.31%。

由图 2-10 可知，两个时期均是中龄林和成熟林蓄积量居于首位。其中，中龄林面积两个时期分别占 35.06%（2018 年）和 33.48%（1998 年），成熟林面积两个时期分别占 23.09%（2018 年）和 28.26%（1998 年）；相比 1998 年，2018 年幼龄林的蓄积量降低了 72.35%，但

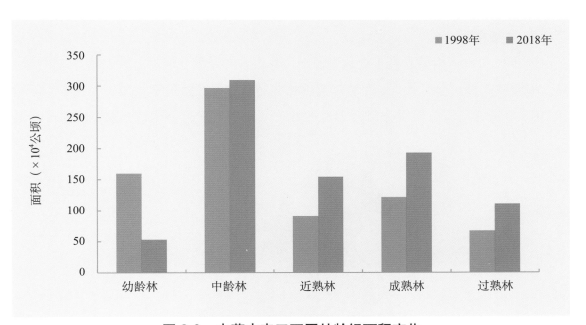

图 2-9　内蒙古森工不同林龄组面积变化

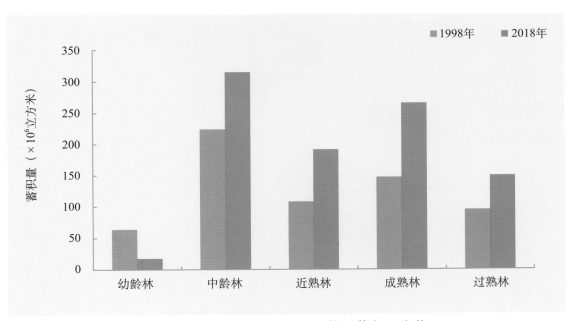

图 2-10　内蒙古森工不同林龄组蓄积量变化

是中龄林、近熟林、成熟林和过熟林的蓄积量均有所增加，增长率分别是 40.39%、77.12%、80.00% 和 57.71%。

综上可知，2018 年内蒙古森工森林资源面积和蓄积量呈现的规律均为中龄林＞成熟林＞近熟林＞过熟林＞幼龄林。1998 年内蒙古森工森林资源面积呈现的规律为中龄林＞幼龄林＞成熟林＞近熟林＞过熟林；而蓄积量的变化为中龄林＞成熟林＞近熟林＞过熟林＞幼龄林。

二、森林资源空间尺度变化

（一）数量格局

由图 2-11 可知，内蒙古森工森林资源面积分布各有差异。阿尔山林业局、乌尔旗汉林业局、根河林业局、金河林业局和莫尔道嘎林业局森林资源面积较大，这 5 个林业局 1998 年和 2018 年森林资源总面积分别为 215.38 万公顷和 227.08 万公顷，分别占内蒙古森工森

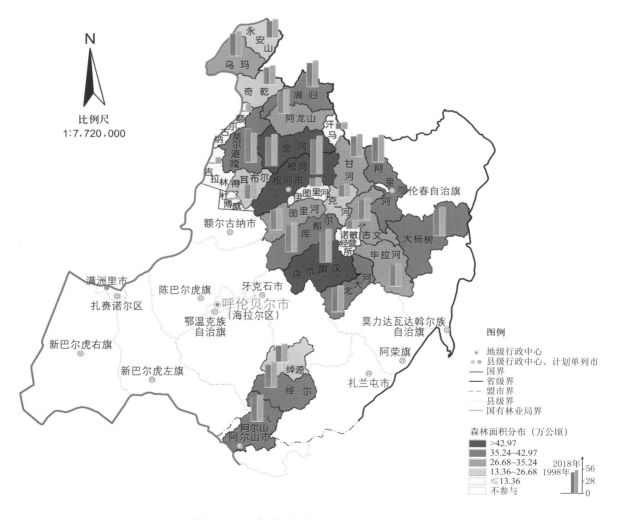

图 2-11　内蒙古森工森林面积分布

林面积的 28.95% 和 27.13%（额尔古纳林业局 1998 年隶属莫尔道嘎林业局，1998 年柱状图为莫尔道嘎林业局与额尔古纳林业局的总和）。

（二）质量格局

由图 2-12 可知，内蒙古森工中，永安山、乌玛、奇乾、莫尔道嘎、乌尔旗汉，这 5 个林业局 1998 年单位面积蓄积量最大均达到 90 立方米 / 公顷以上；2018 年，额尔古纳、永安山、乌玛、杜博威、奇乾这 5 个林业局单位面积蓄积量最高，均达到 125 立方米 / 公顷以上；大杨树林业局单位面积蓄积量最低，两期单位面积蓄积量分别在 43 立方米 / 公顷和 56 立方米 / 公顷以下。

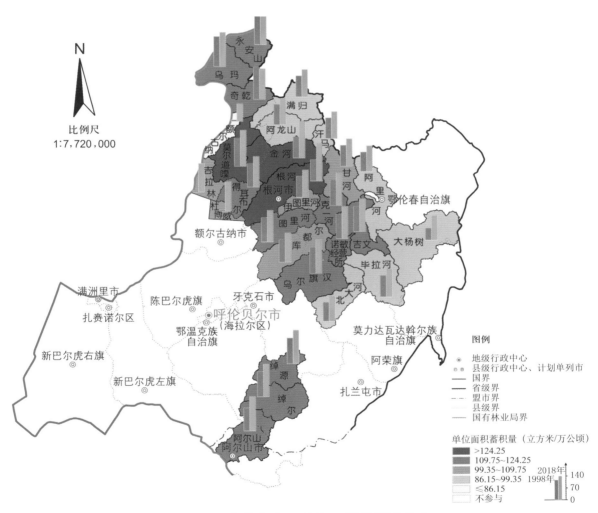

图 2-12　内蒙古森工单位面积蓄积量分布

第三章
内蒙古森工森林生态系统服务功能物质量评估

森林生态系统服务功能首先是从物质量的角度对生态系统提供的各项服务进行定量评估，其特点是能够比较客观地反映生态系统的生态过程，进而反映生态系统的可持续性。本章依据中华人民共和国林业行业标准《森林生态系统服务功能评估规范》(LY/T 1721—2008)，对内蒙古森工森林生态系统服务功能的物质量开展评估，进而分析其森林生态系统服务功能物质量的特征。

第一节　森林生态系统服务功能总物质量

通过评估得出，内蒙古森工 1998 年和 2018 年两期森林生态系统涵养水源、保育土壤、固碳释氧、林木积累营养物质、净化大气环境等 5 个功能类别生态系统服务功能的物质量（表 3-1）。

表 3-1　内蒙古森工森林生态系统服务功能物质量评估结果

功能类别	指标类别	物质量(1998年)	物质量(2018年)
涵养水源	调节水量 （×10⁸立方米/年）	139.56	170.96
保育土壤	固土量 （×10⁴吨/年）	24833.43	33226.19
	减少氮流失量 （×10⁴吨/年）	56.02	72.25
	减少磷流失量 （×10⁴吨/年）	18.50	24.11
	减少钾流失量 （×10⁴吨/年）	467.70	640.86
	减少有机质流失量 （×10⁴吨/年）	1111.87	1262.95
固碳释氧	固碳 （×10⁴吨/年）	1841.18	2329.58
	释氧 （×10⁴吨/年）	4529.09	5431.38

（续）

功能类别	指标类别		物质量(1998年)	物质量(2018年)
林木积累营养物质	林木积累氮量（×10⁴吨/年）		73.73	94.32
	林木积累磷量（×10⁴吨/年）		12.75	15.52
	林木积累钾量（×10⁴吨/年）		38.22	44.64
净化大气环境	提供负离子（×10²⁵个/年）		5.94	7.83
	吸收SO₂（×10⁴千克/年）		104888.50	121915.65
	吸收HF（×10⁴千克/年）		6132.79	6943.63
	吸收NOₓ（×10⁴千克/年）		3335.18	4303.63
	滞尘量	TSP(×10⁴千克/年)	1943.42	2385.27
		PM₁₀(×10⁴千克/年)	2853.33	3845.05
		PM₂.₅(×10⁴千克/年)	778.01	1014.78

一、涵养水源功能

从图 3-1 可以看出，20 年间内蒙古森工森林生态系统涵养水源量增加 31.4 亿立方米，增幅为 22.5%。1998 年和 2018 年森林生态系统涵养水源量是其水资源总量的 0.73 倍和 0.89 倍。可以看出内蒙古森工森林生态系统涵养水源功能较强。森林可以通过对降水的截留、吸收和下渗，对降水进行时空再分配，减少无效水，增加有效水，因此习惯于将森林称为"绿色水库"。内蒙古森工森林生态系统是"绿色""安全"的天然水库，调节水资源的潜力巨大，对于维护林区水资源安全起着举足轻重的作用，是当地国民经济和社会可持续发展的保障。

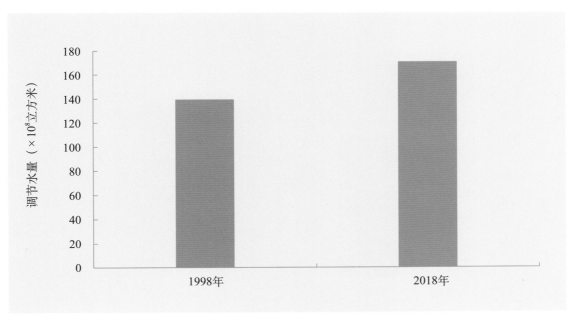

图 3-1　内蒙古森工森林生态系统涵养水源量

二、保育土壤功能

从图 3-2 可以看出，20 年间内蒙古森工森林生态系统固土量增加 8392.76 万吨，增幅为 33.80%。我国东北 2 条河流（松花江、辽河）2014 年土壤侵蚀总量为 0.315 亿吨（中国水土保持公报，2014）。1998 年和 2018 年森林生态系统固土量是其土壤侵蚀总量的 7.87 倍和 10.54 倍，表明森林生态系统对防治土壤侵蚀起到了积极的作用。

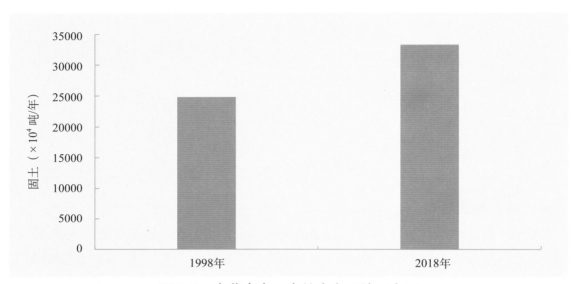

图 3-2　内蒙古森工森林生态系统固土量

从图 3-3 可以看出，相比 1998 年，2018 年森林生态系统保肥量增加 346.08 万吨，增幅为 20.92%。依据《2015 年中国统计年鉴》，我国 2014 年农业总施肥量为 5995.9 万吨；1998 年和 2018 年森林生态系统保肥量是其总施肥量的 0.28 倍和 0.34 倍。可以看出内蒙古森工森林生态系统固土作用显著，在减少水土流失上发挥着重要的作用。

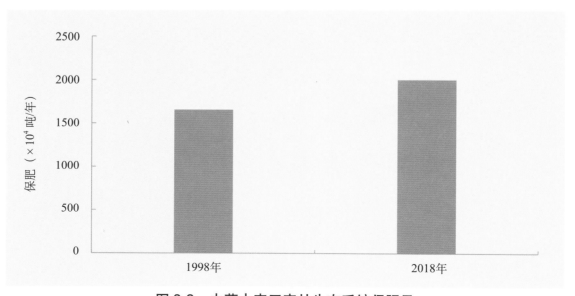

图 3-3　内蒙古森工森林生态系统保肥量

三、固碳释氧功能

从图 3-4 可以看出，相比 1998 年，2018 年内蒙古森工森林生态系统固碳量增加 488.4 万吨，增幅为 26.53%。根据万元 GDP 能耗和碳排放系统计算出呼伦贝尔市 2014 年碳排放量为 978.15 万吨，1998 年和 2018 年内蒙古森工森林生态系统固碳量是其碳排放量的 1.88 倍和 2.38 倍。由此可以看出，内蒙古森工森林生态系统固碳功能逐渐增强，这主要得益于其森林面积的增加，结构的完善，质量的提升。森林是陆地生态系统最大的碳储库，在全球碳循环过程中起着重要的作用。就森林对储存碳的贡献而言，森林面积占全球陆地面积的 27.6%，森林植被碳储量约占全球植被的 77%，有效地抑制大气中二氧化碳浓度的上升，起到了绿色减排的作用。绿色减排与工业减排相比，投资少、代价低，更具有经济可行性和现实操作性。因此，森林生态系统固碳功能对于保障区域发展低碳经济、推进节能减排、建设生态文明具有重要意义。

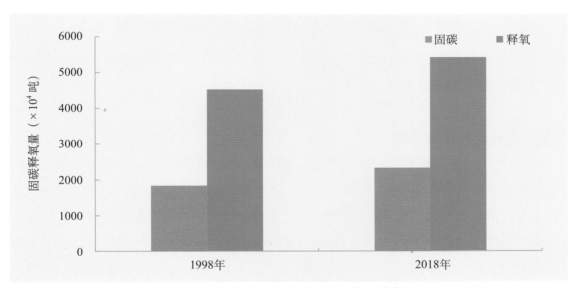

图 3-4　内蒙古森工森林生态系统固碳释氧量

森林通过光合作用吸收大气中 CO_2，在制造有机物的同时释放氧气，维持大气中气体组分的平衡，保持大气的健康稳定状态，为人类及动物等提供了生活空间和生存资料，在人类的长期生存和可持续发展中发挥着举足轻重的作用。相比 1998 年，2018 年森林生态系统释氧量增加了 902.29 万吨，增长了 19.92%，森林生态系统释氧量与固碳量都呈现出增加的趋势。

四、林木积累营养物质功能

森林在生长过程中不断地从周围环境中吸收营养物质，固定在植物体内，成为全球生物化学循环不可缺少的环节。林木积累营养物质功能首先是维持自身生态系统的养分平衡，其次是为人类提供生态系统服务。从图 3-5 可以看出，相比 1998 年，2018 年森林生态系统积累氮、磷和钾均呈增长趋势；固氮量增加 20.59 万吨，增幅为 27.93%；固钾量增加 6.42 万吨，增幅为 16.8%；固磷量增加 2.77 万吨，增幅为 21.73%。森林植被通过大气、土壤和

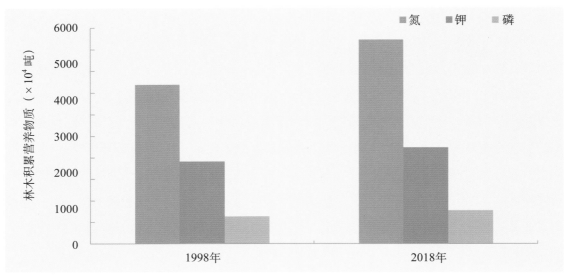

图 3-5　内蒙古森工森林生态系统林木积累营养物质量

降水吸收氮、磷和钾等营养物质并贮存在体内各器官，其林木积累营养物质与林分的净初级生产力密切相关（Johan et al.，2000）。

五、净化大气环境功能

　　森林在大气生态平衡中起着"除污吐新"的作用，植物通过叶片拦截、富集和吸收污染物质，提供负离子和萜烯类物质等，改善大气环境。空气负离子是一种重要的无形旅游资源，具有杀菌、降尘、清洁空气的功效，被誉为"空气维生素与生长素"，对人体健康十分有益，能改善肺器官功能，促进人体新陈代谢，提高人体免疫力和抗病能力。随着森林生态旅游的兴起及人们保健意识的增强，空气负离子作为一种重要的森林旅游资源已越来越受到人们的重视。从图 3-6 可以看出，相比 1998 年，2018 年森林生态系统提供负离子量增加了 1.9×10^{25} 个，增长了 32.04%。

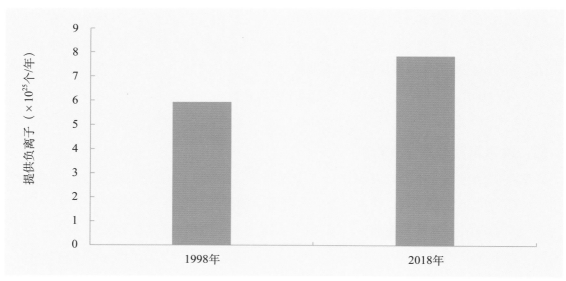

图 3-6　内蒙古森工森林生态系统提供负离子量

从图 3-7 可以看出，相比 1998 年，2018 年森林生态系统吸收气体污染物 SO$_2$、HF 和 NO$_x$ 量均呈增加的趋势；吸收污染物 SO$_2$ 量增加 17.03 万吨，增幅为 16.23%；吸收污染物 HF 量增加 0.81 万吨，增幅为 13.21%；吸收污染物 NO$_x$ 量增加 0.96 万吨，增幅为 28.74%。2014 年内蒙古自治区 SO$_2$ 排放量为 131.24 万吨，氮氧化物排放量为 125.83 万吨（内蒙古统计年鉴 2015）；1998 年和 2018 年内蒙古森工森林生态系统吸收 SO$_2$ 量分别为 2014 年内蒙古自治区排放量的 0.80 倍和 0.93 倍；吸收 NO$_x$ 量为内蒙古自治区排放量的 0.027 倍和 0.034 倍；表明森林生态系统吸收污染物能力较强，能够较好地起到净化大气环境作用。在大家呼唤清洁空气的新时代，森林生态系统净化大气环境的功能恰好契合了人们的需求，满足人们对美好生活的向往。

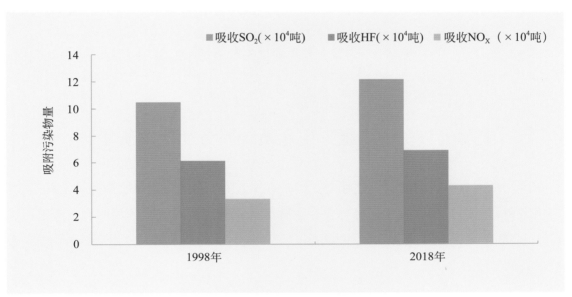

图 3-7　内蒙古森工森林生态系统吸收气体污染物量

从图 3-8 可以看出，与 1998 年相比，2018 年内蒙古森工森林生态系统滞纳 PM$_{10}$、PM$_{2.5}$ 和 TSP 量均呈增加的趋势；因此，2018 年内蒙古森工森林生态系统滞纳 PM$_{10}$ 量增加 991.72 万吨，增幅为 34.76%；滞纳 TSP 量增加了 441.85 万吨，增长了 22.74%；滞纳 PM$_{2.5}$ 量增加了 236.77 万吨，增长了 30.43%；由数据分析知，内蒙古森工森林生态系统滞纳污染物的能力极强，治污减霾效果显著，与其他减排措施相比，森林治污减霾成本低且不会造成 GDP 损失；而且从受益范围看，森林不仅可以为当地人民提供多种生态服务，而且也会为周边地区经济的可持续发展发挥重要的作用。

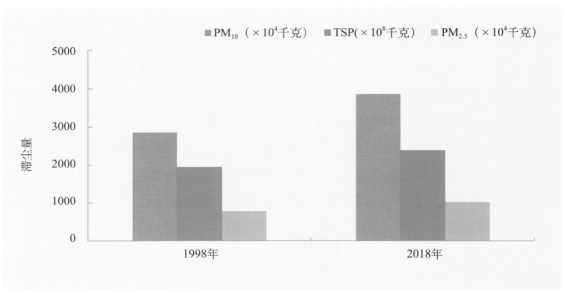

图 3-8　内蒙古森工森林生态系统滞尘量

第二节　主要优势树种（组）生态系统服务功能物质量

本研究根据森林资源数据，计算主要优势树种（组）森林生态系统服务功能的物质量。主要优势树种（组）的固碳量按照林业行业标准《森林生态系统服务功能评估规范》（LY/T 1721—2008）计算出主要优势树种（组）潜在固碳量，此处未减去由于森林采伐消耗造成的碳损失量，见表 3-2 至表 3-3。

一、涵养水源

1998 年和 2018 年涵养水源功能位于前三的均是落叶松＞白桦＞栎类，分别占对应年份涵养水源总量的 47.14%、32.82%、9.09% 和 44.71%、33.11%、9.44%。2018 年三者涵养水源量分别为 76.43 亿立方米 / 年、56.60 亿立方米 / 年、16.14 亿立方米 / 年，相比 1998 年增幅分别为 16.17%、23.58% 和 27.19%（图 3-9 和图 3-10）。主要是因为落叶松、白桦和栎类的面积比较大，对于调节径流、改善水质等有重要的作用。森林是拦截降水的天然水库，具有强大的蓄水作用，其复杂的立体结构不但对降水进行再分配，还可以减弱降水对土壤的侵蚀。影响森林涵养水源的因子众多，首先是面积因子；其次是不同树种（组）的林冠截留量、林下枯落物厚度及蓄水能力、不同林分下的土壤非毛管孔隙等，也是造成不同树种（组）涵养水源差异的原因之一（Xiao et al.，2014）。同一树种组涵养水源量在不同年份出现变化，这可能与年份降水量、降雨强度等因素有关。

表 3-2 内蒙古森工 1998 年主要优势树种（组）生态系统服务功能物质量

优势树种（组）	涵养水源（亿立方米/年）	保育土壤（万吨/年）					固碳释氧（万吨/年）		林木积累营养物质（万吨/年）			净化大气环境						
		固土	N	P	K	有机质	固碳	释氧	N	P	K	提供负离子量（×10^{22}个/年）	吸附SO_2（万千克/年）	吸附HF（万千克/年）	吸附NO_x（万千克/年）	滞纳TSP（亿千克/年）	滞纳PM_{10}（万千克/年）	滞纳$PM_{2.5}$（万千克/年）
落叶松	65.79	12025.73	28.28	9.15	220.15	537.28	850.35	2192.24	35.77	5.88	17.42	2820.13	48564.27	2995.02	1631.33	934.96	1418.49	377.23
樟子松	2.80	416.54	1.09	0.38	9.52	20.19	30.92	73.35	1.52	0.17	0.79	121.93	2186.67	127.71	66.51	35.08	48.51	15.01
栎类	12.69	2026.55	3.25	1.24	42.63	90.19	191.32	371.37	5.68	1.38	4.04	514.01	10038.61	449.98	244.99	162.47	194.28	60.74
白桦	45.80	8150.54	18.37	6.07	153.46	364.94	604.21	1486.31	24.20	4.19	12.54	1947.91	34426.34	2012.86	1094.45	637.78	936.31	255.31
柳树	0.27	42.39	0.11	0.04	0.96	2.05	3.24	9.47	0.10	0.03	0.08	12.36	201.81	10.95	5.94	3.06	5.93	1.62
黑桦	2.36	420.03	0.94	0.31	7.89	18.82	31.11	76.52	1.25	0.22	0.65	100.25	1774.55	103.74	56.33	32.84	48.18	13.14
山杨	8.64	1537.88	3.50	1.15	29.06	68.83	114.17	280.81	4.57	0.77	2.37	368.21	6293.57	379.73	206.88	120.49	177.03	48.25
甜杨	0.12	21.05	0.04	0.02	0.40	0.94	1.56	3.84	0.07	0.01	0.03	5.04	88.90	5.20	2.83	1.65	2.42	0.66
经济林	0.10	17.14	0.04	0.01	0.32	0.77	1.27	3.13	0.05	0.01	0.03	4.10	72.36	4.24	2.30	1.34	1.97	0.54
灌木林	0.99	175.58	0.40	0.13	3.31	7.86	13.03	32.05	0.52	0.09	0.27	42.02	741.42	43.36	23.62	13.75	20.21	5.51
合计	139.56	24833.43	56.02	18.50	467.70	1111.87	1841.18	4529.09	73.73	12.75	38.22	5935.96	104888.50	6132.79	3335.18	1943.42	2853.33	778.01

表3-3 内蒙古森工2018年主要优势树种（组）生态系统服务功能物质量

优势树种（组）	涵养水源（亿立方米/年）	保育土壤（万吨/年）					固碳释氧（万吨/年）		林木积累营养物质（万吨/年）			净化大气环境						
		固土	N	P	K	有机质	固碳	释氧	N	P	K	提供负离子量（×10²²个/年）	吸附SO₂（万千克/年）	吸附HF（万千克/年）	吸附NOx（万千克/年）	TSP（亿千克/年）	PM₁₀（万千克/年）	PM₂.₅（万千克/年）
落叶松	76.43	15084.26	33.45	10.93	289.29	594.71	1063.03	2493.53	44.15	7.28	21.23	3536.02	55282.21	3238.57	2046.26	1132.48	1850.18	480.35
樟子松	3.36	458.72	1.01	0.33	8.91	17.36	32.14	75.29	1.30	0.21	0.61	108.56	1681.23	95.75	59.67	31.00	43.25	13.99
柞类	16.14	3084.17	6.08	2.26	61.43	92.32	232.16	475.24	7.51	1.22	3.22	746.80	11454.16	562.37	310.13	186.07	265.30	75.34
桦木	2.75	534.94	1.16	0.39	10.33	20.28	37.53	87.42	1.52	0.25	0.72	126.10	1963.88	111.85	69.35	38.43	61.95	16.35
白桦	56.60	10992.60	23.94	7.98	212.23	416.67	751.15	1796.47	31.23	5.14	14.78	2591.27	40356.04	2298.45	1425.03	779.72	1273.09	335.91
枫桦	0.14	26.52	0.06	0.02	0.51	1.00	1.86	4.34	0.08	0.01	0.04	6.26	97.29	5.54	3.44	1.91	3.07	0.81
榆树	0.11	23.16	0.05	0.02	0.42	1.04	1.56	3.90	0.06	0.01	0.03	5.19	81.54	4.64	2.86	1.59	2.56	0.68
其他硬阔类	0.14	26.58	0.06	0.02	0.51	1.01	1.86	4.35	0.08	0.01	0.04	6.27	97.54	5.56	3.45	1.91	3.08	0.81
杨树	0.12	24.66	0.06	0.02	0.45	0.90	1.66	3.85	0.07	0.01	0.03	5.56	86.97	4.95	3.06	1.70	2.76	0.72
柳树	0.45	87.90	0.19	0.06	1.71	3.13	6.16	14.44	0.22	0.04	0.11	20.82	322.04	18.34	10.44	5.33	9.21	2.48
其他软阔类	12.31	2395.99	5.20	1.74	46.14	92.64	167.75	390.60	6.79	1.12	3.21	563.42	8779.12	500.01	309.86	171.75	276.85	73.07
灌木林	2.41	486.69	0.99	0.34	8.93	21.89	32.72	81.95	1.31	0.22	0.63	109.18	1713.63	97.60	60.08	33.38	53.75	14.27
合计	170.96	33226.19	72.25	24.11	640.86	1262.95	2329.58	5431.38	94.32	15.52	44.64	7825.45	121915.65	6943.63	4303.63	2385.27	3845.05	1014.78

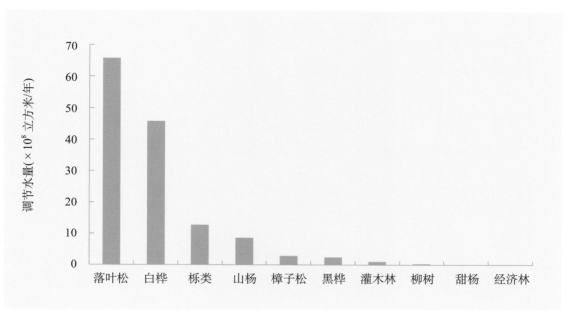

图 3-9　内蒙古森工主要优势树种（组）涵养水源物质量（1998 年）

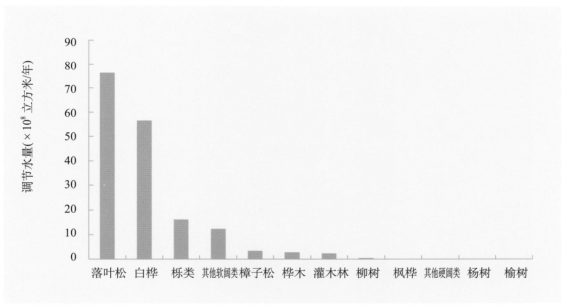

图 3-10　内蒙古森工主要优势树种（组）涵养水源物质量（2018 年）

二、保育土壤

森林具有较好的保持水土的功能，不仅能够涵养水源，同时也可以固持土壤，减少进入河流的泥沙含量，减少土壤的流失，保持土壤的肥力。林木的冠层能够对降水进行二次分配，降低雨滴的下落速率，减少到达地面雨滴的动能，减轻雨滴对地面的击溅侵蚀，减少进入河流的泥沙量（Xiao et al., 2014）；强大的根系在地下盘根错节，形成复杂的根系网，能够牢牢地抓住泥土，同时也能够拦蓄降水，减少水土流失（Tan et al., 2005）；林下的枯枝落叶覆盖在地表，消减了下落雨滴的动能，降低了地表水分的蒸发，减缓水流的汇集，防止短而急的降雨汇集形成洪峰，减少洪水、泥石流等自然灾害的发生，更好地发挥森林保育土壤的效益（Ritsema et al.，2003）。

由图 3-11 和图 3-12 可以看出，1998 年和 2018 年保育土壤功能位于前三的均是落叶松＞白桦＞栎类，分别占对应年份保育土壤总量的 48.43%、32.82%、8.16% 和 45.4%、33.08%、9.28%。2018 年三者固土量分别为 15084.26 万吨 / 年、10992.6 万吨 / 年、3084.17 万吨 / 年，相比 1998 年分别增长了 25.43%、34.87% 和 52.19%。

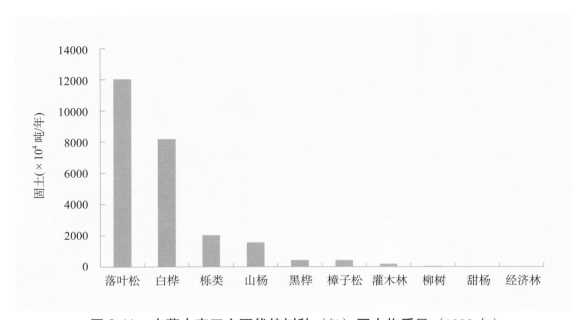

图 3-11　内蒙古森工主要优势树种（组）固土物质量（1998 年）

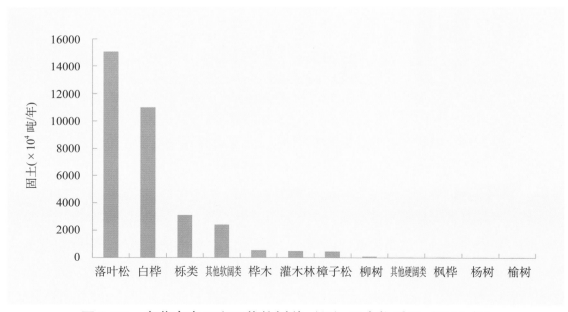

图 3-12　内蒙古森工主要优势树种（组）固土物质量（2018 年）

　　由图 3-13 和图 3-14 可以看出，1998 年和 2018 年保肥功能位于前三的均是落叶松＞白桦＞栎类，分别占对应年份保肥量的 48.05%、32.82%、8.30% 和 46.42%、33.04%、8.1%。2018 年三者固土量分别为 928.38 万吨 / 年、660.82 万吨 / 年、162.09 万吨 / 年，相比 1998 年分别增加了 16.80%、21.73% 和 18.05%。

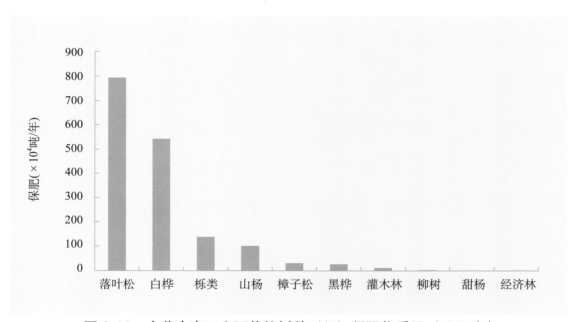

图 3-13　内蒙古森工主要优势树种（组）保肥物质量（1998 年）

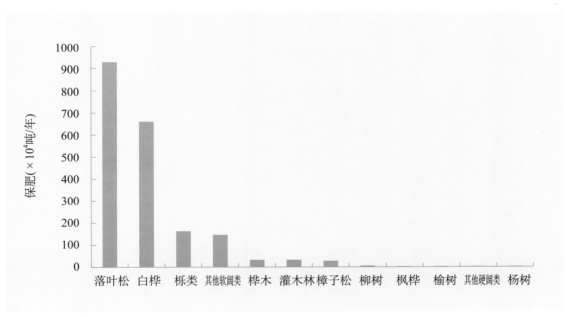

图 3-14　内蒙古森工主要优势树种（组）保肥物质量（2018 年）

三、固碳释氧

1998 年和 2018 年固碳功能位于前三的均为落叶松＞白桦＞柞类，分别占对应年份固碳总量的 46.19%、32.82%、10.39% 和 45.63%、32.24%、9.97%。2018 年三者固碳量分别为 1063.03 万吨 / 年、751.15 万吨 / 年、232.16 万吨 / 年；相比 1998 年分别增加了 25.01%、24.32% 和 21.35%（图 3-15 和图 3-16）。

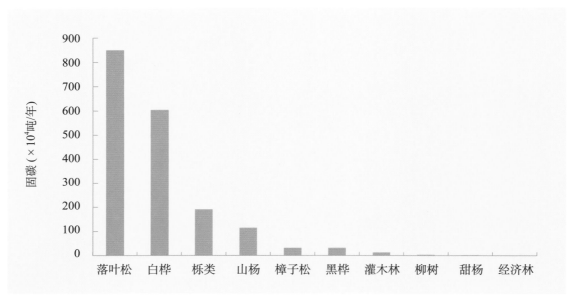

图 3-15　内蒙古森工主要优势树种（组）固碳物质量（1998 年）

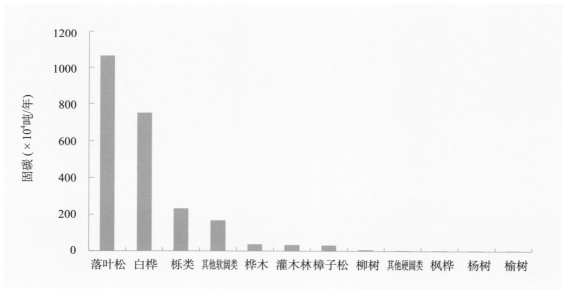

图 3-16　内蒙古森工主要优势树种（组）固碳物质量（2018 年）

1998 年和 2018 年释氧功能位于前三的均为落叶松＞白桦＞栎类，分别占对应年份释氧总量的 48.40%、32.82%、8.20% 和 45.91%、33.08%、8.75%。2018 年三者固碳量分别为 2493.53 万吨／年、1796.47 万吨／年、475.24 万吨／年，相比 1998 年分别增加了 13.74%、20.87% 和 27.97%（图 3-17 和图 3-18）。这主要是因为落叶松、白桦和栎类都是速生树种，光合作用相对较强，在相同的时间内能够积累更多的营养物质，固定更多的二氧化碳，释放更多的氧气；再加之杨树面积的增加，从而使得固碳速率增长。同一树种组固碳量在不同年份间隔中会出现变化，这可能与间隔年份的降水、温度等因素有关。在同一年份间隔中，不同树种固碳能力不同，主要原因可能是与树种的面积及其特性相关。

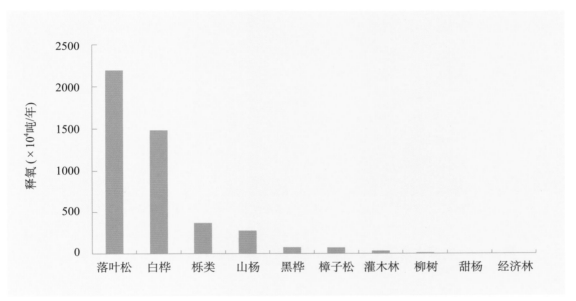

图 3-17　内蒙古森工主要优势树种（组）释氧物质量（1998 年）

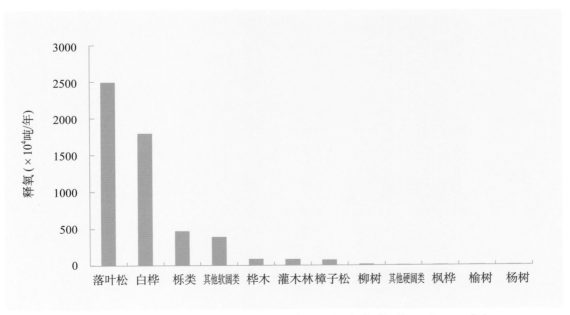

图 3-18　内蒙古森工主要优势树种（组）释氧物质量（2018 年）

四、林木积累营养物质

1998 年和 2018 年积累营养物质功能位于前三的均是落叶松、白桦和栎类，分别占对应年份林木积累营养物质总量的 47.74%、33.07%、8.97% 和 47.71%、33.58%、7.84%。2018 年三者林木积累营养物质量分别为 72.67 万吨 / 年、51.14 万吨 / 年、11.94 万吨 / 年，相比 1998 年分别增加了 23.02%、24.96%、7.59%（图 3-19 和图 3-20）。

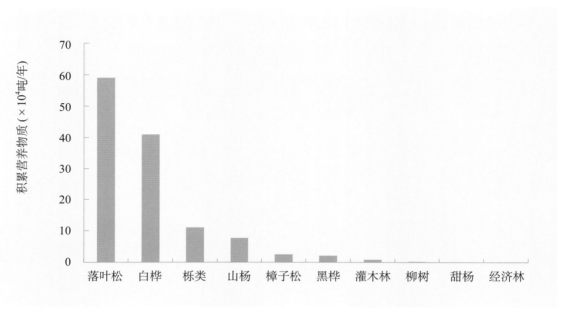

图 3-19　内蒙古森工主要优势树种（组）林木积累营养物质量（1998 年）

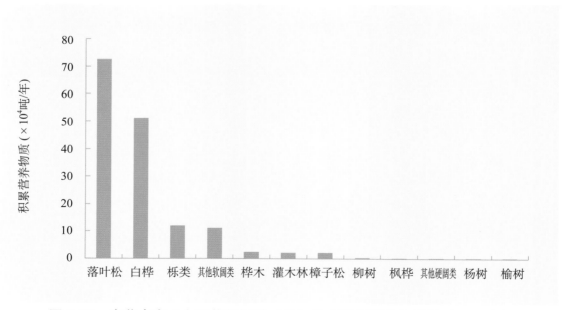

图 3-20　内蒙古森工主要优势树种（组）林木积累营养物质量（2018 年）

五、净化大气环境

空气负离子通常又称负氧离子，是指获得 1 个或 1 个以上的带负电荷的氧气离子，小粒径负离子，有良好的生物活性，易于透过人体血管屏障，进入人体发挥生物效应。具有镇静、镇痛、止咳、止痒、降血压等效用，可以使人们感到心情舒畅，治理慢性疾病。因此，又被称为"空气维生素""空气维他命"及"长寿素"等。影响负离子产生的因素主要有几个方面：首先，宇宙射线是自然界产生负离子的重要来源，海拔越高则负离子浓度增加的越快。其次，与植物的生长息息相关，植物的生长活力高，则能够产生较多的负离子，这与"年龄依赖"假设吻合（Tikhonov et al., 2014）。最后，叶片形态结构不同也是导致产生负离子量不同的重要原因。从叶片形态上说，针叶树曲率半径较小，具有"尖端放电"功能，且产生的电荷能使空气发生电离从而产生更多的负离子（牛香，2017）。随着森林生态旅游的兴起及人们保健意识的增强，空气负离子作为一种重要的森林旅游资源已受到越来越多人的关注。从图 3-21 和图 3-22 可以看出：1998 年和 2018 年提供负离子功能位于前三的均是落叶松、白桦和栎类，分别占对应年份提供负离子总量的 47.51%、32.82%、8.66% 和 45.18%、33.11%、9.54%。2018 年提供负离子量分别增加了 0.72×10^{25} 个 / 年、0.64×10^{25} 个 / 年、0.23×10^{25} 个 / 年，相比 1998 年增幅为 25.39%、33.03%、45.29%。

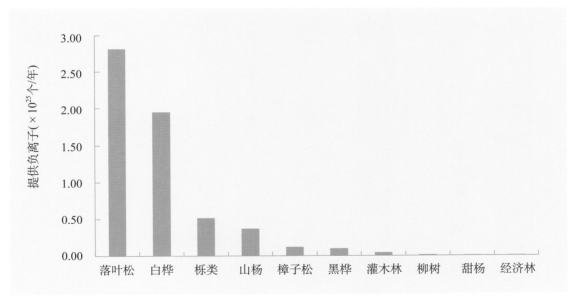

图 3-21　内蒙古森工主要优势树种（组）提供负离子物质量（1998 年）

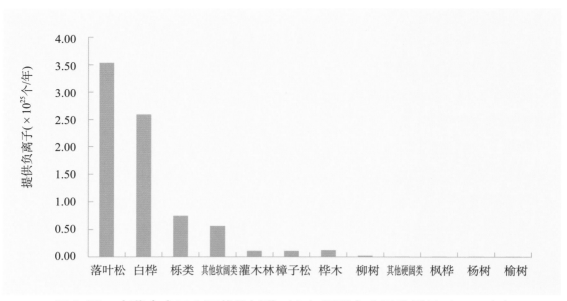

图 3-22　内蒙古森工主要优势树种（组）提供负离子物质量（2018 年）

不同树种吸收二氧化硫量如图 3-23 和图 3-24 所示，均以落叶松、白桦和栎类吸收量最大，1998 年以经济林、甜杨和柳树最少；2018 年以榆树、杨树和枫华最小。相比 1998 年，2018 年落叶松、白桦和栎类对二氧化硫的吸收量分别增长了 6717.94 万千克、5929.7 万千克和 1115.55 万千克，增长率分别为：13.83%、17.22% 和 10.79%。

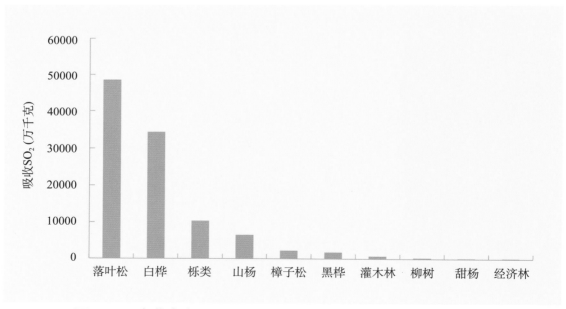

图 3-23　内蒙古森工主要优势树种（组）吸收 SO_2 量（1998 年）

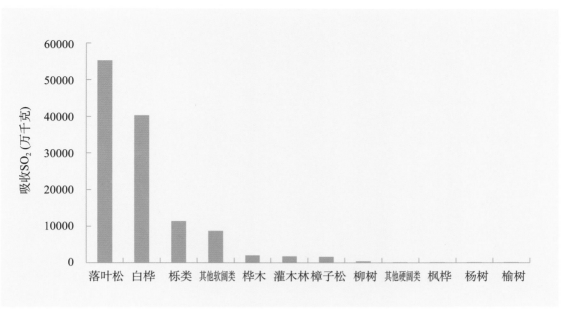

图 3-24　内蒙古森工主要优势树种（组）吸收 SO₂ 量（2018 年）

不同树种吸收 HF 量如图 3-25 和图 3-26 所示，均以落叶松、白桦和栎类吸收量最大，1998 年以经济林、甜杨和柳树最少；2018 年以榆树、杨树和枫华最小。相比 1998 年，2018年落叶松、白桦和栎类对 HF 的吸收量分别增长了 243.55 万千克、285.59 万千克和 112.39万千克，增长率分别为 8.13%、14.19% 和 24.9%。

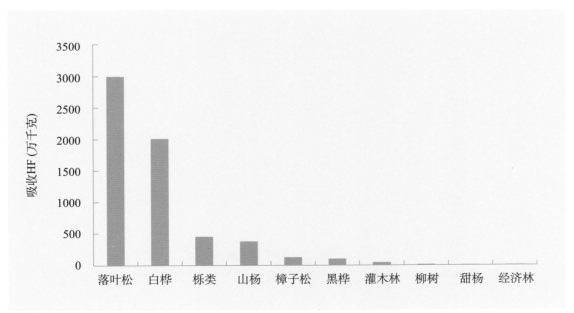

图 3-25　内蒙古森工主要优势树种（组）吸收 HF 量（1998 年）

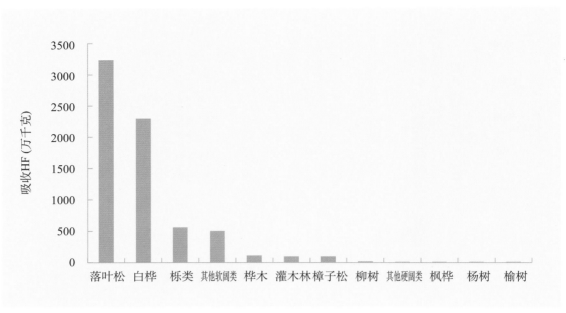

图 3-26　内蒙古森工主要优势树种（组）吸收 HF 量（2018 年）

不同树种吸收氮氧化合物量如图 3-27 和图 3-28 所示，均以落叶松、白桦和栎类吸收量最大，1998 年以经济林、甜杨和柳树最少；2018 年以榆树、杨树和枫华最小。相比 1998 年，2018 年落叶松、白桦和栎类对氮氧化物的吸收量分别增长了 243.55 万千克、285.59 万千克和 112.39 万千克，增长率分别为 8.13%、14.19% 和 24.9%。

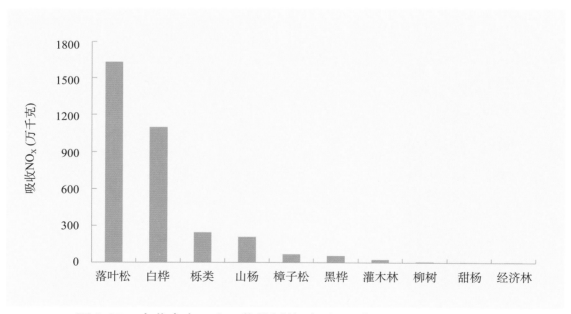

图 3-27　内蒙古森工主要优势树种（组）吸收 NOₓ 量（1998 年）

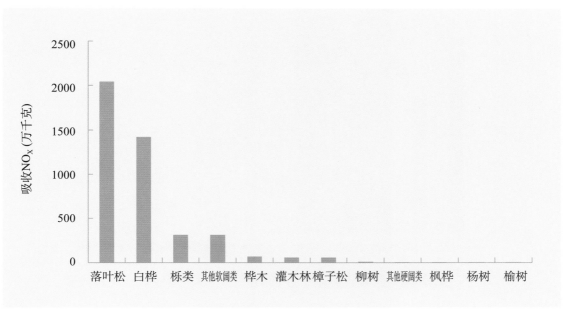

图 3-28　内蒙古森工主要优势树种（组）吸收 NO$_x$ 量（2018 年）

　　1998 年和 2018 年滞尘功能位于前三的均是落叶松、白桦和栎类，分别占对应年份吸收污染物总量的 48.11%、32.82%、8.36% 和 47.48%、32.69%、7.8%。相比 1998 年，2018 年落叶松、白桦和栎类吸收污染物量分别增长了 197.57 亿千克、141.98 亿千克、23.61 亿千克，相比 1998 年增幅分别为 21.13%、22.26% 和 14.53%（图 3-29 和图 3-30）。

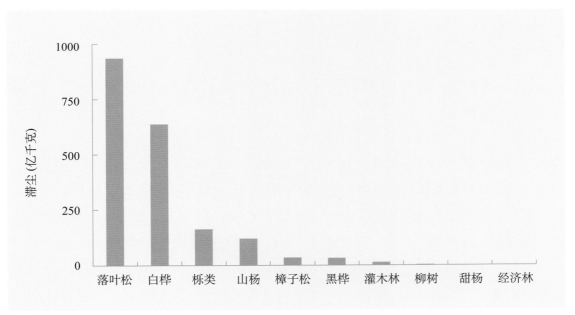

图 3-29　内蒙古森工主要优势树种（组）滞尘量（1998 年）

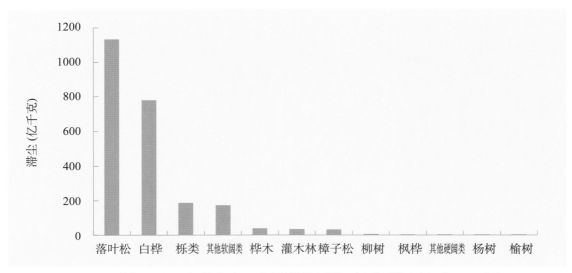

图 3-30　内蒙古森工主要优势树种（组）**滞尘量**（2018 年）

综上研究得出落叶松、白桦和栎类吸收污染物和滞尘的功能最强，首先是由于落叶松是寒温带和温带树种，资源储量丰富，天然分布范围广，面积相对较大；其次，与落叶松的树种特性有关。一般来说，气孔密度和叶面积指数大，叶片表面粗糙有绒毛、分泌黏性油脂和汁液等较多的树种，可吸附和黏着更多的污染物（牛香，2017）。针叶树多与阔叶树种相比，针叶树绒毛多、表面分泌更多的油脂和黏性物质，气孔浓度偏大，污染物易在叶表面附着和滞留（Neihuis et al.，1998）；加之，针叶树种多为常绿树种，叶片可以一年四季吸收污染物，从而使得落叶松吸收污染气体量相对较大。

第三节　各林业局（自然保护区、经营所）森林生态系统服务功能物质量

根据森林生态系统服务功能评估公式，并采用分布式测算方法，运用相关模型、软件等，基于内蒙古森工森林资源数据，分别对 1998 年和 2018 年内蒙古森工中永安山、乌玛、奇乾、满归、阿龙山、莫尔道嘎、金河、得耳布尔、根河、甘河、图里河、伊图里河、克一河、阿里河、库都尔、吉文、乌尔旗汉、毕拉河、大杨树、北大河、绰源、绰尔、汗马自然保护区、诺敏森林经营所等共计 28 个林业局 (自然保区、经营所) 的森林生态系统服务功能进行测算，计算各林业局森林生态系统各项服务功能的物质量，见表 3-4、表 3-5。由于额尔古纳林业局 1998 年隶属莫尔道嘎林业局，图 3-31 至图 3-48 中 1998 年莫尔道嘎林业局柱状图为莫尔道嘎林业局与额尔古纳林业局的总和；杜博威和吉拉林林业局权属已划归为地方，因此在文中不作为重点林业局进行论述。其中，本次评估另外对阿尔山林业局的呼伦贝尔市部分和兴安盟部分分别进行了测算（表 3-6）。

表3-4 各林业局（自然保护区、经营所）1998年森林生态系统服务功能物质量

林业局（自然保护区、经营所）	涵养水源（亿立方米/年）	保育土壤（万吨/年）					固碳释氧（万吨/年）		林木积累营养物质（万吨/年）			提供负离子量（×10^25个/年）	净化大气环境					
		固土	N	P	K	有机质	固碳	释氧	N	P	K		吸附SO$_2$（万千克/年）	吸附HF（万千克/年）	吸附NO$_x$（万千克/年）	滞纳TSP（亿千克/年）	滞纳PM$_{10}$（万千克/年）	滞纳PM$_{2.5}$（万千克/年）
阿尔山	6.52	1234.25	2.24	0.83	22.76	51.27	82.34	201.57	3.36	0.57	1.71	0.26	4721.47	279.50	152.31	87.93	132.24	37.48
绰尔	5.81	1062.23	2.42	0.79	20.03	47.64	78.93	194.10	3.16	0.55	1.64	0.25	4494.11	262.78	142.89	83.27	118.26	33.34
绰源	4.32	768.73	1.75	0.57	14.50	34.48	57.33	140.47	2.29	0.39	1.19	0.17	3252.35	190.17	103.41	60.26	88.48	24.12
乌尔旗汉	8.09	1437.89	3.27	1.07	27.12	64.49	106.85	263.14	4.28	0.74	2.19	0.35	6083.47	355.71	193.43	112.71	165.50	45.12
库都尔	7.29	1293.04	2.95	0.97	24.43	58.08	96.23	236.64	3.85	0.67	2.00	0.31	5479.09	320.37	174.21	101.51	149.06	40.64
图里河	5.25	935.79	2.12	0.70	17.58	41.81	70.28	170.36	2.77	0.48	1.44	0.22	3944.50	230.64	125.42	73.08	107.31	29.26
伊图里河	2.26	402.77	0.92	0.30	7.60	18.06	29.93	73.60	1.20	0.21	0.62	0.12	1704.06	99.64	54.18	31.57	46.36	12.64
克一河	3.36	596.12	1.34	0.45	11.24	26.74	44.30	108.93	1.77	0.31	0.92	0.14	2522.09	147.47	80.19	46.73	68.61	19.39
甘河	5.51	979.16	2.23	0.73	18.47	43.91	72.76	178.92	2.92	0.50	1.51	0.23	4142.67	242.23	131.72	76.75	112.70	30.73
吉文	5.29	942.49	2.14	0.70	17.71	42.11	69.79	171.58	2.79	0.48	1.45	0.23	3972.57	232.28	126.31	73.60	108.07	29.47
阿里河	6.57	1164.98	2.65	0.87	21.97	52.25	86.57	212.88	3.46	0.60	1.80	0.28	4928.84	288.20	156.72	91.32	134.09	36.56
根河	9.21	1636.68	3.72	1.22	30.86	73.38	121.58	298.97	4.87	0.84	2.52	0.39	6922.08	414.74	220.09	128.25	188.31	51.35
金河	7.73	1373.15	3.12	1.03	25.90	61.59	102.04	250.92	4.08	0.71	2.12	0.33	5809.57	360.76	184.72	107.64	158.05	43.09
阿龙山	5.72	1020.73	2.32	0.76	19.25	45.78	75.85	186.52	3.04	0.53	1.57	0.24	4324.55	252.51	137.31	80.01	117.49	32.03
满归	6.29	1117.70	2.54	0.84	21.08	50.13	83.06	204.24	3.32	0.58	1.72	0.27	4728.82	276.50	150.36	87.61	128.65	35.08
得耳布尔	3.84	684.78	1.56	0.51	12.92	30.71	50.88	125.13	2.04	0.35	1.06	0.16	2897.17	169.40	92.12	53.68	78.82	21.49

（续）

林业局（自然保护区、经营所）	涵养水源（亿立方米/年）	保育土壤（万吨/年）					固碳释氧（万吨/年）		林木积累营养物质（万吨/年）			净化大气环境						
		固土	N	P	K	有机质	固碳	释氧	N	P	K	提供负离子量（×10²⁵个/年）	吸附SO₂（万千克/年）	吸附HF（万千克/年）	吸附NOₓ（万千克/年）	滞纳TSP（亿千克/年）	滞纳PM₁₀（万千克/年）	滞纳PM₂.₅（万千克/年）
莫尔道嘎	9.00	1511.83	3.55	1.17	28.37	72.29	116.42	291.34	4.68	0.81	2.48	0.39	6819.37	358.57	216.83	124.23	183.03	46.58
大杨树	6.92	1233.87	2.81	0.92	23.30	55.39	91.78	225.69	3.67	0.64	1.90	0.30	5225.56	305.55	163.15	96.82	142.16	38.76
毕拉河	5.42	971.18	2.21	0.73	18.32	41.33	72.17	177.47	2.89	0.50	1.50	0.23	4108.92	240.25	130.65	76.13	111.78	30.64
北大河	6.32	1122.74	2.55	0.84	21.16	50.35	83.43	205.16	3.34	0.58	1.73	0.27	4750.11	277.74	149.03	88.01	129.23	35.23
乌玛	5.93	1053.40	2.40	0.79	19.87	47.24	78.28	192.49	3.13	0.54	1.62	0.25	4456.77	260.59	141.71	82.58	121.25	33.06
永安山	4.49	796.59	1.81	0.60	15.05	35.78	59.28	145.76	2.37	0.41	1.23	0.19	3274.84	197.33	107.30	62.53	91.81	25.03
奇乾	4.52	802.27	1.83	0.60	15.17	36.06	59.75	146.92	2.39	0.41	1.24	0.19	3401.76	198.91	108.16	63.03	92.53	25.23
诺敏经营所	2.21	392.12	0.89	0.29	7.40	17.59	29.14	71.65	1.17	0.20	0.60	0.09	1658.98	97.00	52.75	30.74	45.13	12.31
汗马	1.69	298.94	0.68	0.22	5.64	13.41	22.21	54.63	0.89	0.15	0.46	0.07	1264.78	73.95	40.21	23.43	34.41	9.38
合计	139.56	24833.43	56.02	18.50	467.70	1111.87	1841.18	4529.09	73.73	12.75	38.22	5.94	104888.50	6132.79	3335.18	1943.42	2853.33	778.01

表 3-5　各林业局（自然保护区、经营所）2018 年森林生态系统服务功能物质量

林业局（自然保护区、经营所）	涵养水源（亿立方米/年）	保育土壤（万吨/年）					固碳释氧（万吨/年）		林木积累营养物质（万吨/年）			净化大气环境						
		固土	N	P	K	有机质	固碳	释氧	N	P	K	提供负离子量（$\times 10^{25}$ 个/年）	吸附 SO_2（万千克/年）	吸附 HF（万千克/年）	吸附 NO_x（万千克/年）	滞纳 TSP（亿千克/年）	滞纳 PM_{10}（万千克/年）	滞纳 $PM_{2.5}$（万千克/年）
阿尔山	7.42	1563.54	2.93	0.98	28.34	58.24	93.57	226.64	3.92	0.66	1.88	0.32	5368.08	307.84	172.35	98.54	162.83	46.81
绰尔	7.16	1382.63	3.04	1.02	25.24	51.36	98.31	214.35	3.79	0.64	1.82	0.31	5114.58	281.24	176.28	98.27	149.32	40.25
绰源	5.24	1008.05	2.13	0.73	17.84	37.98	70.11	164.35	2.79	0.48	1.36	0.22	3631.21	211.02	128.34	71.62	113.28	28.28
乌尔旗汉	9.88	1853.34	3.91	1.39	35.57	71.58	128.57	315.24	5.07	0.87	2.48	0.43	6764.24	385.27	232.56	135.28	215.34	56.94
库都尔	8.46	1657.83	3.70	1.23	31.24	62.45	116.36	282.94	4.59	0.78	2.18	0.39	6008.18	359.25	214.57	120.07	196.54	51.68
图里河	6.39	1231.27	2.61	0.86	22.75	46.11	87.14	201.05	3.43	0.57	1.63	0.27	4322.58	261.34	156.63	88.45	144.28	36.89
伊图里河	2.64	519.76	1.07	0.38	10.27	20.29	33.56	86.67	1.45	0.24	0.69	0.12	1862.24	114.26	69.01	39.18	63.49	16.57
克一河	4.16	748.97	1.68	0.53	15.43	29.31	55.87	120.24	2.16	0.37	1.01	0.19	2687.35	161.02	101.16	54.18	92.24	22.19
甘河	6.47	1227.58	2.72	0.89	23.45	50.48	89.24	204.28	3.57	0.59	1.63	0.29	4569.27	271.54	163.24	95.28	153.57	38.97
吉文	6.44	1235.41	2.46	0.86	25.04	45.99	86.38	201.47	3.41	0.57	1.64	0.29	4548.27	255.48	154.28	86.11	144.57	37.48
阿里河	7.95	1542.82	3.35	1.01	28.84	58.67	106.85	251.32	4.49	0.73	2.01	0.37	5351.41	324.19	197.24	108.27	176.66	49.67
根河	11.36	2193.74	4.82	1.67	44.68	84.55	154.86	361.37	6.38	1.05	2.98	0.53	7984.27	459.57	296.53	166.55	258.84	73.54
金河	9.45	1837.49	4.09	1.42	38.17	69.76	134.68	306.59	5.42	0.87	2.52	0.44	6785.49	391.18	254.11	138.29	218.82	61.22
阿龙山	7.08	1338.79	2.93	0.97	24.36	51.08	93.24	215.37	3.58	0.59	1.81	0.32	4946.57	279.24	171.14	95.34	153.28	37.18
满归	7.59	1460.57	3.19	1.09	27.68	57.02	101.47	239.24	4.04	0.65	1.95	0.33	5225.34	304.21	175.89	102.38	169.54	44.28
得耳布尔	4.36	906.87	1.98	0.64	17.54	33.24	61.27	141.24	2.63	0.41	1.14	0.21	3134.68	193.27	126.41	62.59	102.36	28.67

（续）

林业局（自然保护区、经营所）	涵养水源（亿立方米/年）	保育土壤（万吨/年）					固碳释氧（万吨/年）		林木积累营养物质（万吨/年）			提供负离子量（×10²⁵个/年）	净化大气环境					
		固土	N	P	K	有机质	固碳	释氧	N	P	K	提供负离子量（$\times 10^{25}$个/年）	吸附SO_2（万千克/年）	吸附HF（万千克/年）	吸附NO_x（万千克/年）	滞纳TSP（亿千克/年）	滞纳PM_{10}（万千克/年）	滞纳$PM_{2.5}$（万千克/年）
莫尔道嘎	9.74	1696.81	4.09	1.39	37.49	76.61	135.74	320.24	5.57	0.97	2.89	0.49	7874.35	359.64	236.64	142.34	212.92	54.38
大杨树	7.12	1627.49	3.57	1.15	29.03	60.28	113.58	264.28	4.59	0.75	2.21	0.39	5997.25	336.24	208.45	115.35	187.28	47.19
毕拉河	6.63	1286.17	3.01	0.95	25.13	49.45	89.62	213.80	3.82	0.65	1.92	0.32	4908.98	277.12	161.41	91.43	145.69	41.16
北大河	7.73	1486.83	3.19	1.08	26.11	54.68	103.58	232.47	4.19	0.65	1.97	0.34	5436.21	310.12	191.17	106.54	169.91	43.57
乌玛	7.21	1395.06	3.05	0.97	26.89	51.09	97.11	229.34	3.97	0.63	1.76	0.32	4821.32	284.24	174.21	90.54	158.34	41.11
永安山	5.31	1055.27	2.27	0.73	21.17	36.55	74.16	168.29	3.01	0.47	1.34	0.25	3776.07	218.34	133.28	72.68	121.25	30.28
奇乾	5.36	1064.82	2.31	0.74	21.68	37.88	73.58	171.28	2.98	0.47	1.38	0.24	3807.00	218.24	129.19	70.19	120.83	29.56
诺敏经营所	2.69	522.85	1.14	0.37	10.02	18.47	35.28	79.54	1.49	0.23	0.69	0.12	1925.34	105.37	72.18	37.57	57.81	16.31
汗马	2.04	395.90	0.86	0.27	7.68	15.03	27.64	61.07	1.12	0.17	0.53	0.09	1448.25	79.28	83.56	28.42	43.17	11.67
额尔古纳	2.34	453.35	0.99	0.34	8.88	17.21	31.47	73.21	1.31	0.22	0.58	0.11	1659.27	86.27	56.98	31.55	52.09	12.97
吉拉林	1.89	366.70	0.81	0.29	7.11	11.28	24.78	57.39	1.06	0.17	0.43	0.09	1345.50	75.28	46.28	26.32	41.73	10.89
杜博威	0.85	166.28	0.35	0.16	3.23	6.31	11.56	28.11	0.49	0.08	0.21	0.04	612.35	33.57	20.54	11.94	19.07	5.07
合计	170.96	33226.19	72.25	24.11	640.86	1262.95	2329.58	5431.38	94.32	15.52	44.64	7.83	121915.65	6943.63	4303.63	2385.27	3845.05	1014.78

表3-6 阿尔山林业局森林生态系统服务功能物质量

林业局	年份	涵养水源 (亿立方米/年)	保育土壤 (万吨/年)					固碳释氧 (万吨/年)		林木积累营养物质 (万吨/年)			提供负离子量 (×10^25个/年)	净化大气环境					
			固土	N	P	K	有机质	固碳	释氧	N	P	K		吸附 SO_2 (万千克/年)	吸附 HF (万千克/年)	吸附 NOX (万千克/年)	TSP (亿千克/年)	PM_{10} (万千克/年)	$PM_{2.5}$ (万千克/年)
兴安盟境内	1998	4.37	826.95	1.50	0.56	15.25	34.35	55.17	135.05	2.25	0.38	1.15	0.17	3163.38	187.27	102.05	58.91	88.60	25.11
	2018	4.97	1047.57	1.96	0.66	18.99	39.02	62.69	151.85	2.63	0.44	1.26	0.21	3596.61	206.25	115.47	66.02	109.10	31.36
呼伦贝尔市境内	1998	2.15	407.30	0.74	0.27	7.51	16.92	27.17	66.52	1.11	0.19	0.56	0.09	1558.09	92.23	50.26	29.02	43.64	12.37
	2018	2.45	515.97	0.97	0.32	9.35	19.22	30.88	74.79	1.29	0.22	0.62	0.11	1771.47	101.59	56.88	32.52	53.73	15.45
阿尔山	1998	6.52	1234.25	2.24	0.83	22.76	51.27	82.34	201.57	3.36	0.57	1.71	0.26	4721.47	279.50	152.31	87.93	132.24	37.48
合计	2018	7.42	1563.54	2.93	0.98	28.34	58.24	93.57	226.64	3.92	0.66	1.88	0.32	5368.08	307.84	172.35	98.54	162.83	46.81

一、涵养水源

内蒙古森工森林生态系统涵养水源如图 3-31 所示，在 2 次评估中各林业局森林生态系统调节水量均增加；同 1998 年相比，2018 年增加了 31.40 亿立方米，增幅为 22.50%。1998 年和 2018 年两期调节水量最高的 3 个林业局均为根河、莫尔道嘎和乌尔旗汉，分别占总量的 18.84% 和 18.12%；这主要是由于这几个地区森林面积较大，植被丰富，森林质量相对较高，从而使得这几个区域的森林涵养水源量大；1998 年调水量最低的是汗马、诺敏森经所和伊图里河林业局，共占总量的 4.41%；杜博威和吉拉林林业局除外，2018 年调节水量最低的是汗马林业局和额尔古纳林业局，共占总量的 2.56%。森林面积是导致其涵养水源能力较小的主导因素，但是单位面积涵养水源能力较高，这主要是由于汗马自然保护区有河流湿地、湖泊湿地和沼泽湿地三大类型湿地，也是激流河的主要发源地之一。因此，汗马保护区对于水源调控、水质净化、减少水旱灾害、防治水土流失等方面具有重要的意义。

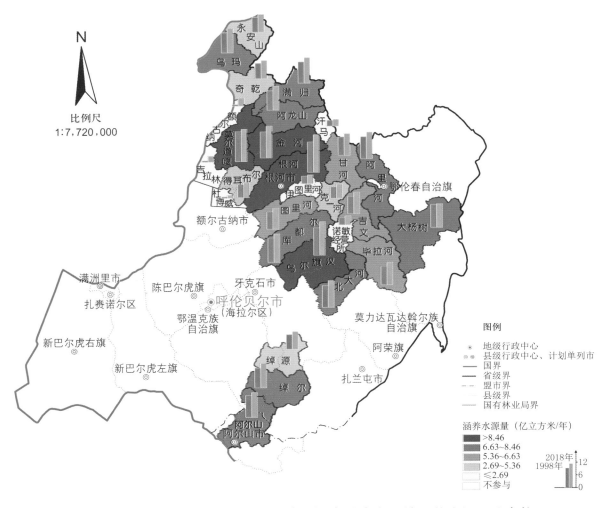

图 3-31　各林业局（自然保护区、经营所）森林生态系统涵养水源量分布格局

二、保育土壤功能

1. 固土功能

水土流失是人类所面临的重要环境问题，已经成为经济、社会可持续发展的一个重要制约因素。我国是世界上水土流失十分严重的国家，减少林地的土壤侵蚀模数能够很好地减少林地的土壤侵蚀量，对林地的土壤形成很好的保护作用。如图 3-32 所示，与 1998 年相比，2018 年各林业局（自然保护区、经营所）森林生态系统固土量均增加；1998 年相比，2018 年固土总量增加了 8392.75 万吨，增幅为 33.79%。1998 年固土量最高的 3 个林业局是根河、莫尔道嘎和乌尔旗汉，为 4586.4 万吨，占总量的 18.47%；固土量最低的 3 个林业局是汗马、诺敏森林经营所和伊图里河，为 1093.83 万吨，占总量的 4.40%。2018 年固土量最高的 3 个林业局是根河、金河和乌尔旗汉，为 5884.57 万吨，占总量的 17.71%；杜博威和吉拉林林业局除外，固土量最低的 3 个林业局是汗马、额尔古纳和伊图里河，为 1369.01 吨，占总固土量的 4.12%。

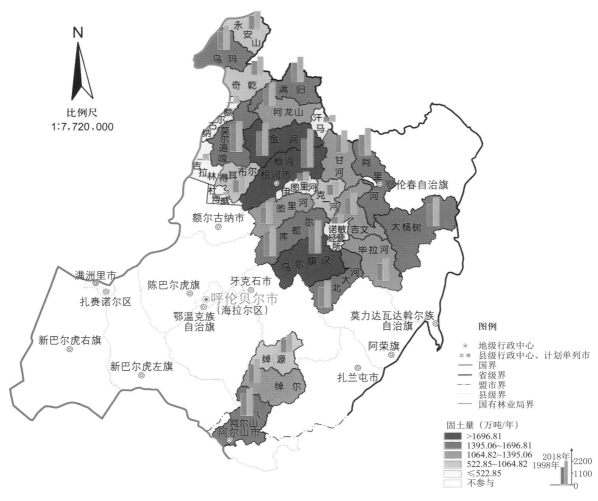

图 3-32 各林业局（自然保护区、经营所）森林生态系统固土量分布格局

2. 固氮功能

森林保育土壤的功能不仅表现为固定土壤，同时还表现为保持土壤肥力。如图 3-33 所示，与 1998 年相比，2018 年各林业局（自然保护区、经营所）森林生态系固氮量均增加；1998 年固氮量最高的 3 个林业局均是根河、莫尔道嘎和乌尔旗汉，为 10.54 万吨，占总量的 18.81%；固氮量最低的 3 个林业局是汗马、诺敏森林经营所和伊图里河，为 2.49 万吨，仅占总固氮量的 4.44%。2018 年固氮量最高的 3 个林业局是根河、金河和莫尔道嘎，占总量的 17.80%；杜博威和吉拉林林业局除外，固氮量最低的 3 个林业局是汗马、额尔古纳和伊图里河，为 2.92 万吨，仅占总固氮量的 4.04%。

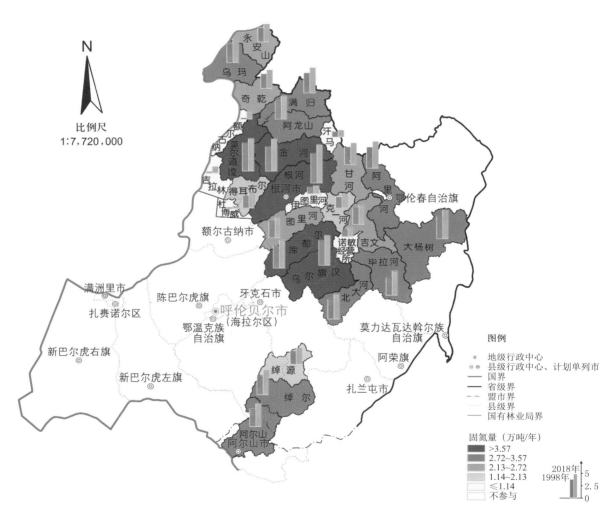

图 3-33　各林业局（自然保护区、经营所）**森林生态系统固氮量分布格局**

3. 固磷功能

如图 3-34 所示，与 1998 年相比，2018 年各林业局（自然保护区、经营所）森林生态系统固磷量均呈现增加的特征，增加了 4.48 万吨，增幅为 30.32%。1998 年固磷量最高的 3 个林业局是根河、莫尔道嘎和乌尔旗汉，总量为 3.46 万吨，占总固磷量的 18.70%；固磷量最低的 3 个林业局是汗马、诺敏森林经营所和伊图里河。2018 年固磷量最高的 4 个林业局是根河、金河、莫尔道嘎和乌尔旗汉，为 5.87 万吨，占总量的 24.35%；杜博威和吉拉林林业局除外，固磷量最低的 3 个林业局是汗马、额尔古纳和诺敏森林经营所。

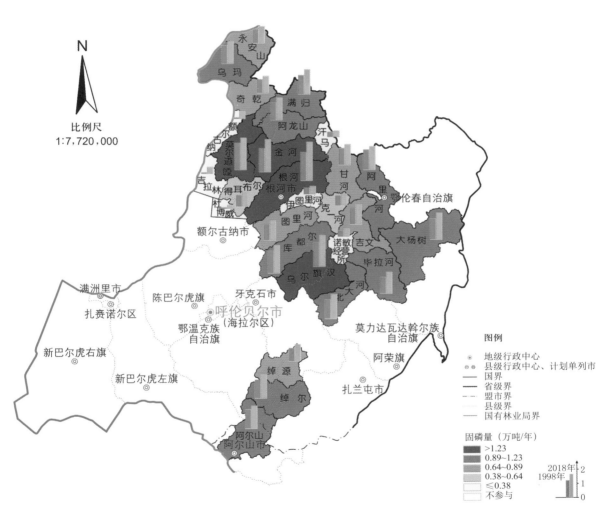

图 3-34　各林业局（自然保护区、经营所）**森林生态系统固磷量分布格局**

4. 固钾功能

如图 3-35 所示，与 1998 年相比，2018 年各林业局（自然保护区、经营所）森林生态系统固钾量均呈现增加的特征，增加了 173.16 万吨，增幅为 37.02%。1998 年固钾量最高的 3 个林业局是根河、莫尔道嘎和乌尔旗汉，为 86.35 万吨，占固钾总量的 18.46%；固钾量最低的 3 个林业局是汗马、诺敏森林经营所和伊图里河，仅占固钾总量的 4.41%。2018 年固钾量最高的 3 个林业局是根河、金河和莫尔道嘎，为 120.34 万吨，占总量的 18.78%；杜博威和吉拉林林业局除外，固钾量最低的 3 个林业局是汗马、额尔古纳和诺敏森林经营所。

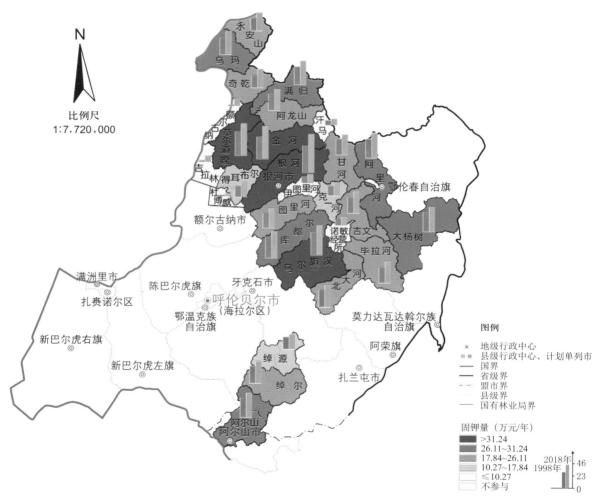

图 3-35　各林业局（自然保护区、经营所）森林生态系统固钾量分布格局

5.固定有机质功能

如图 3-36 所示，与 1998 年相比，2018 年各林业局（自然保护区、经营所）森林生态系统固定有机质量均呈现增加的特征，增加了 151.08 万吨，增幅为 13.59%。1998 年固定有机质量最高的 3 个林业局是根河、莫尔道嘎和乌尔旗汉，总量为 210.16 万吨，占总量的 18.90%；固定有机质量最低的 3 个林业局是汗马、诺敏森林经营所和伊图里河。2018 年固定有机质量最高的 3 个林业局是根河、莫尔道嘎和乌尔旗汉，总量为 232.74 万吨，占总量的 18.43%；杜博威和吉拉林林业局除外，固定有机质量最低的 3 个林业局是汗马、额尔古纳和诺敏森林经营所。

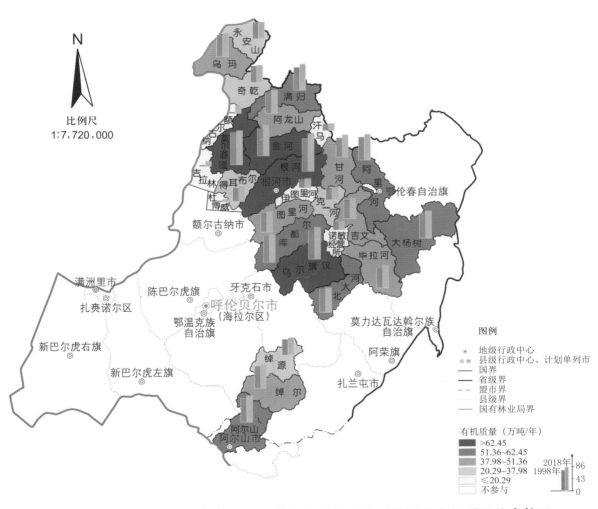

图 3-36　各林业局（自然保护区、经营所）森林生态系统固定有机质量分布格局

三、固碳释氧功能

1. 固碳功能

森林固碳释氧机制是通过自身的光合作用过程吸收二氧化碳，制造有机物，积累在树干、根部和枝叶等部位，并释放出氧气，从而抑制大气中二氧化碳浓度的上升，体现出绿色减排的作用（Liu et al.，2012）。如图 3-37 所示，与 1998 年相比，2018 年各林业局（自然保护区、经营所）森林生态系统固碳量在 2 次评估中总体呈增加的趋势，增加了 488.40 万吨，增幅为 26.53%。1998 年固碳量最高的 3 个林业局是根河、莫尔道嘎和乌尔旗汉，总量为 344.85 万吨，共占总量的 18.73%，固碳量最低的 3 个林业局是汗马、诺敏森林经营所和伊图里河。2018 年固碳量最高的 3 个林业局是根河、莫尔道嘎和金河，总量为 425.28 万吨，共占总量的 18.26%；杜博威和吉拉林林业局除外，固碳量最低的 3 个林业局是汗马、额尔古纳和伊图里河。

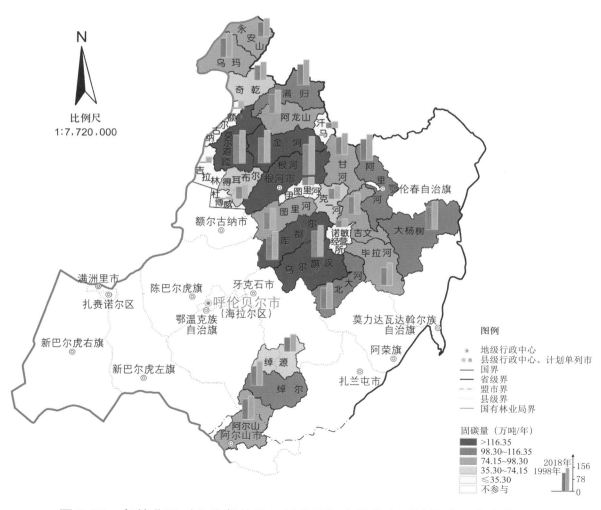

图 3-37　各林业局（自然保护区、经营所）**森林生态系统固碳量分布格局**

2. 释氧功能

如图 3-38 所示，与 1998 年相比，2018 年各林业局（自然保护区、经营所）森林生态系统释氧量在 2 次评估中均呈增加趋势，增加了 902.29 万吨，增幅为 19.92%。1998 年释氧量最高的 3 个林业局是根河、莫尔道嘎和乌尔旗汉，总量为 853.45 吨，共占总量的 18.43%，释氧量最低的 3 个林业局是汗马、诺敏森林经营所和伊图里河；2018 年释氧量最高的 3 个林业局是根河、莫尔道嘎和乌尔旗汉，总量为 996.85 万吨，共占总量的 18.35%；杜博威和吉拉林林业局除外，释氧量最低的 3 个林业局是汗马、额尔古纳和诺敏森林经营所。

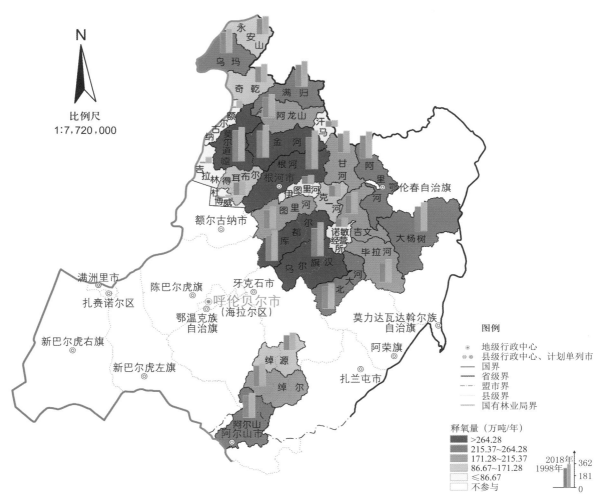

图 3-38　各林业局（自然保护区、经营所）**森林生态系统释氧量分布格局**

四、林木积累营养物质功能

林木积累营养物质功能与固土保肥中的保肥功能，无论从机理、空间部位，还是计算方法上都有本质区别，前者属于生物地球化学循环的范畴，而保肥功能是从水土保持的角度考虑，如果没有这片森林，每年水土流失中也将包含一定的营养物质，属于物理过程。

从林木积累营养物质的过程可以看出，内蒙古大兴安岭森林可以在一定程度上减少因为水土流失而带来的养分损失，在其生命周期内，使得固定在体内的养分元素在此进入生物地球化学循环，极大地降低水体富营养化的可能性。

1. 积累氮功能

如图 3-39 所示，与 1998 年相比，2018 年各林业局（自然保护区、经营所）森林生态系统积累氮量在 2 次评估中均呈增加的趋势，增加了 20.6 万吨，增幅为 27.94%。1998 年积累氮量最高的 3 个林业局是根河、莫尔道嘎和乌尔旗汉，总量为 13.83 万吨，共占总量的 18.76%，积累氮量最低的 3 个林业局是汗马、诺敏森林经营所和伊图里河。2018 年积累氮量最高的 3 个林业局是根河、莫尔道嘎和金河，总量为 17.37 万吨，共占总量的 18.42%；杜博威和吉拉林林业局除外，积累氮量最低的 3 个林业局是汗马、额尔古纳和伊图里河。

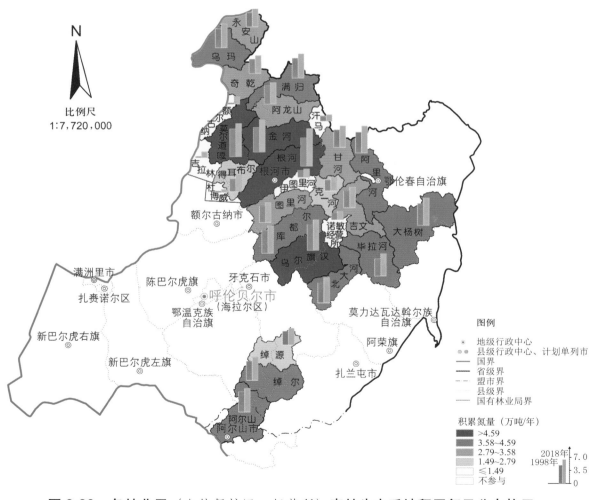

图 3-39　各林业局（自然保护区、经营所）森林生态系统积累氮量分布格局

2. 积累磷功能

如图 3-40 所示，与 1998 年相比，2018 年各林业局（自然保护区、经营所）森林生态系统积累磷量在 2 次评估中总体呈现出增加的趋势，增加了 2.77 万吨，增幅为 21.72%。1998 年积累磷量最高的 3 个林业局是根河、莫尔道嘎和乌尔旗汉，总量为 2.39 万吨，共占总量的 18.75%；积累磷量最低的 3 个林业局是汗马、诺敏森林经营所和伊图里河，仅占总积累磷量的 4.39%。2018 年积累磷量最高的 4 个林业局是根河、莫尔道嘎、金河和乌尔旗汉，总量为 3.76 万吨，共占总量的 24.23%；杜博威和吉拉林林业局除外，积累磷量最低的 3 个林业局是汗马、额尔古纳和诺敏森林经营所。

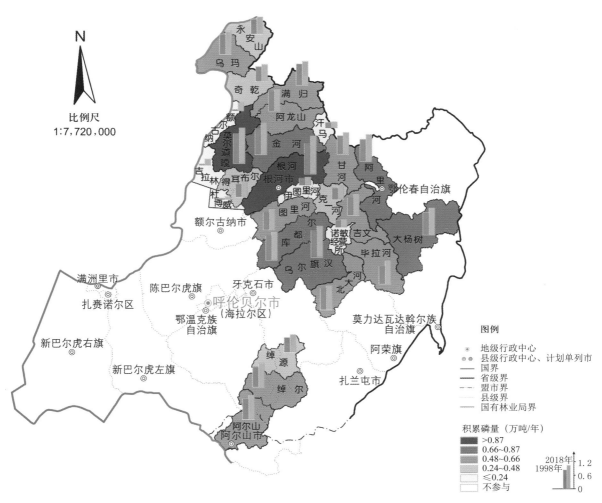

图 3-40 各林业局（自然保护区、经营所）森林生态系统积累磷量分布格局

3. 积累钾功能

如图 3-41 所示，与 1998 年相比，2018 年各林业局（自然保护区、经营所）森林生态系统积累钾量在 2 次评估中均呈增加的趋势，增加了 6.42 万吨，增幅为 16.80%。1998 年积累钾量最高的 3 个林业局是根河、莫尔道嘎和乌尔旗汉，总量为 7.19 万吨，共占总量的 18.81%；积累钾量最低的 3 个林业局是汗马、诺敏森林经营所和伊图里河，仅占总积累钾量的 4.40%。2018 年积累钾量最高的 3 个林业局是根河、莫尔道嘎和金河，为 8.39 万吨，共占总量的 18.79%；杜博威和吉拉林林业局除外，积累钾量最低的 4 个林业局是汗马、额尔古纳、伊图里河和诺敏森林经营所。

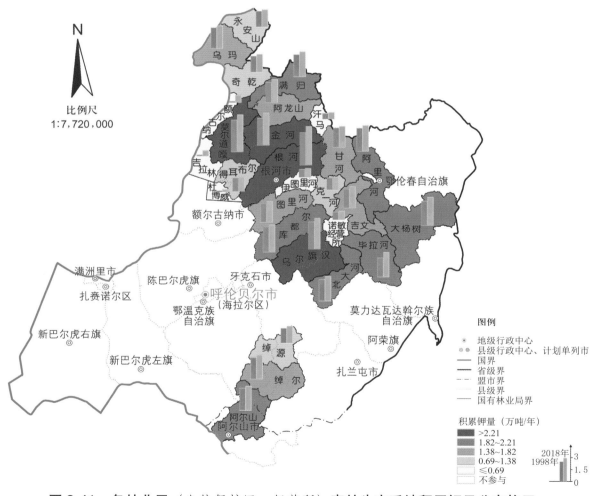

图 3-41　各林业局（自然保护区、经营所）**森林生态系统积累钾量分布格局**

五、净化大气环境功能

1. 提供负离子

空气负离子是一种重要的无形旅游资源，具有杀菌、降尘、清洁空气的功效，被誉为"空气维生素与生长素"，能够改善肺气管功能，增加肺部吸氧量，促进人体新陈代谢，激活肌体多种酶，改善睡眠质量，提高人体免疫力、抗病能力，对人体健康十分有益。如图3-42，与1998年相比，2018年各林业局（自然保护区、经营所）森林生态系统提供负离子量在2次评估中总体呈现出增加的趋势，增加了1.46×10^{25}个，增幅为31.92%。1998年提供负离子量最高的3个林业局是根河、莫尔道嘎和乌尔旗汉，共计1.13×10^{25}个，共占总量的19.02%；提供负离子量最低的3个林业局是汗马、诺敏森林经营所和伊图里河，仅占总提供负离子量的4.38%。2018年提供负离子量最高的3个林业局是根河、莫尔道嘎和金河，共计1.46×10^{25}个，共占总量的18.65%；杜博威和吉拉林林业局除外，提供负离子量最低的4个林业局是汗马、额尔古纳、伊图里河和诺敏森林经营所，占总提供负离子量的6.13%。

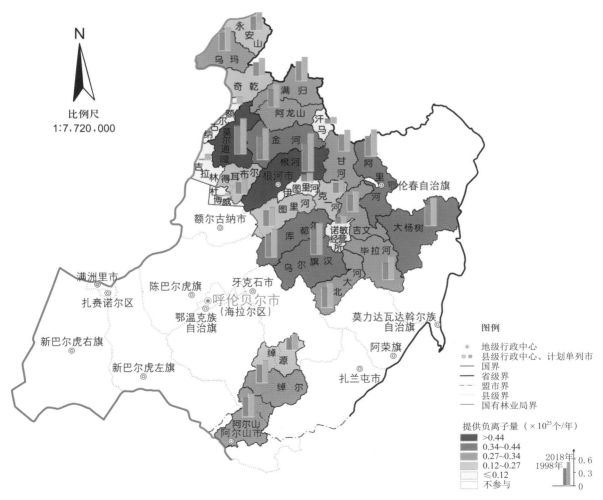

图 3-42　各林业局（自然保护区、经营所）**森林生态系统提供负离子量分布格局**

2. 吸收二氧化硫

如图 3-43，与 1998 年相比，2018 年各林业局（自然保护区、经营所）森林生态系统吸收 SO_2 量在 2 次评估中总体呈现出增加的趋势，增加了 17027.15 万千克，增幅为 16.23%。1998 年吸收 SO_2 量最高的 3 个林业局是根河、莫尔道嘎和乌尔旗汉，总量为 19824.92 万千克，共占总量的 18.90%；吸收 SO_2 量最低的 3 个林业局是汗马、诺敏森林经营所和伊图里河，仅占总吸收 SO_2 量的 4.41%。2018 年吸收 SO_2 量最高的 3 个林业局是根河、莫尔道嘎和金河，共计 22644.11 万千克，共占总量的 18.57%；杜博威和吉拉林林业局除外，吸收 SO_2 量最低的 3 个林业局是汗马、额尔古纳和伊图里河，仅占总吸收 SO_2 量的 4.08%。

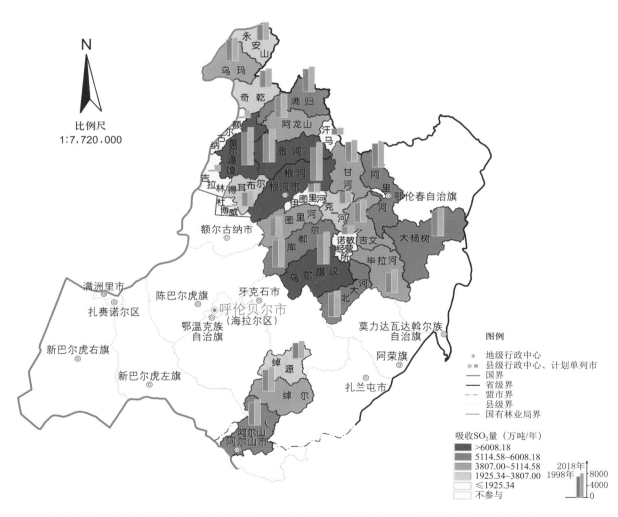

图 3-43　各林业局（自然保护区、经营所）**森林生态系统吸收 SO_2 量分布格局**

3. 吸收氮氧化物

如图 3-44，与 1998 年相比，2018 年各林业局（自然保护区、经营所）森林生态系统吸收 NO_x 量在 2 次评估中总体呈现出增加的趋势，增加了 968.45 万千克，增幅为 29.04%。1998 年吸收 NO_x 量最高的 3 个林业局是根河、莫尔道嘎和乌尔旗汉，总量为 630.35 万千克，共占总量的 18.90%；吸收 NO_x 量最低的 3 个林业局是汗马、诺敏森林经营所和伊图里河，仅占总吸收 NO_x 量的 4.41%。2018 年吸收 NO_x 量最高的 3 个林业局是根河、金河和莫尔道嘎，共计 787.28 万千克，共占总量的 18.29%；杜博威和吉拉林林业局除外，吸收 NO_x 量最低的 3 个林业局是汗马、伊图里河和诺敏森林经营所，仅占总吸收 NO_x 量的 4.60%。

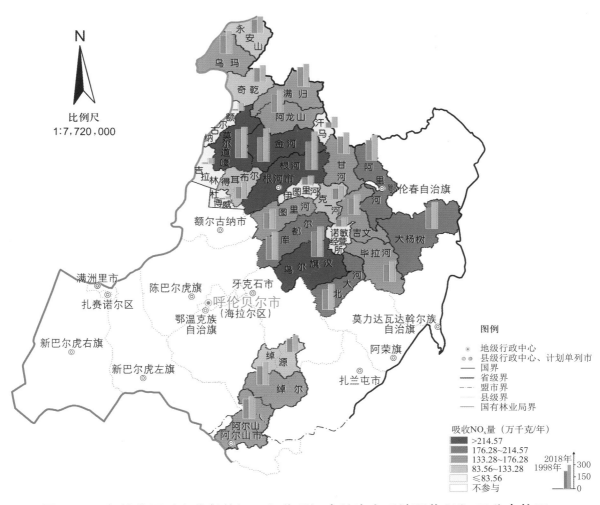

图 3-44　各林业局（自然保护区、经营所）森林生态系统吸收 NO_x 量分布格局

4. 吸收氟化物

如图 3-45，与 1998 年相比，2018 年各林业局（自然保护区、经营所）森林生态系统吸收 HF 量 2 次评估中总体呈现出增加的趋势，增加了 810.84 万千克，增幅为 13.22%。1998 年吸收 HF 量最高的 3 个林业局是根河、金河和莫尔道嘎，共计 1134.07 万千克，共占总量的 18.49%；吸收 HF 量最低的 3 个林业局是汗马、诺敏森林经营所和伊图里河，仅占总吸收 HF 量的 4.41%。2018 年吸收 HF 量最高的 3 个林业局是根河、金河和乌尔旗汉，共计 1236.02 万千克，共占总量的 17.80%；杜博威和吉拉林林业局除外，吸收 HF 量最低的 3 个林业局是汗马、额尔古纳和伊图里河，仅占总吸收 HF 量的 4.03%。

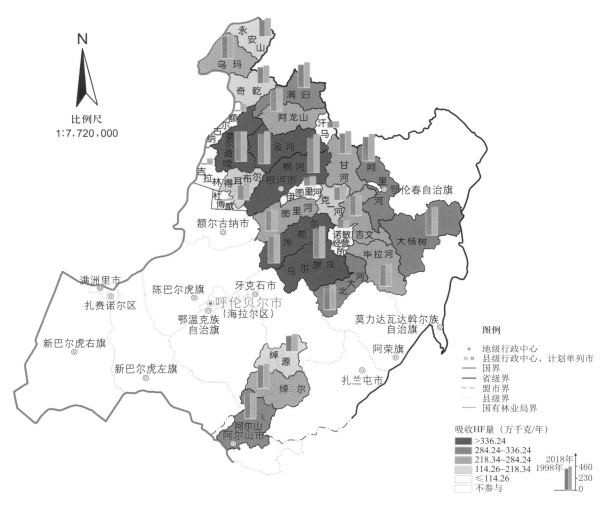

图 3-45　各林业局（自然保护区、经营所）**森林生态系统吸收 HF 量分布格局**

5. 滞 尘

森林的滞尘作用表现为：一方面，由于森林茂密的林冠结构，可以起到降低风速的作用，随着风速的降低，空气中携带的大量颗粒物会加速沉降；另一方面，由于植物的蒸腾作用，使树冠周围和森林表面保持较大湿度，使空气颗粒物容易降落吸附。最重要的还是因为树体蒙尘之后，经过降水的淋洗滴落作用，使得植物又恢复了滞尘能力（牛香，2017）。

如图 3-46 至 3-48 所示，相比 1998 年，2018 年滞纳 TSP 量增加了 441.86 亿千克，增幅为 22.74%；1998 年滞纳 TSP 量最高的 3 个林业局为根河、莫尔道嘎和乌尔旗汉，为 365.19 亿千克，占总滞纳 TSP 量的 18.79%；最低的 3 个林业局为伊图里河、汗马和诺敏森林经营所，为 85.74 亿千克，占总滞纳 TSP 量的 4.41%；2018 年滞纳 TSP 量最高的 3 个林业局为根河、莫尔道嘎和金河，为 447.18 亿千克，占总滞纳 TSP 量的 18.75%；杜博威和吉拉林林业局除外，最低的 3 个林业局为汗马、额尔古纳和诺敏森林经营所，为 97.54 亿千克，占总滞纳 TSP 量的 4.09%。相比 1998 年，2018 年滞纳 PM_{10} 量增加了 991.72 万千克，增幅为 34.76%，1998 年滞纳 PM_{10} 量最高的 3 个林业局为根河、莫尔道嘎和乌尔旗汉，为 536.83

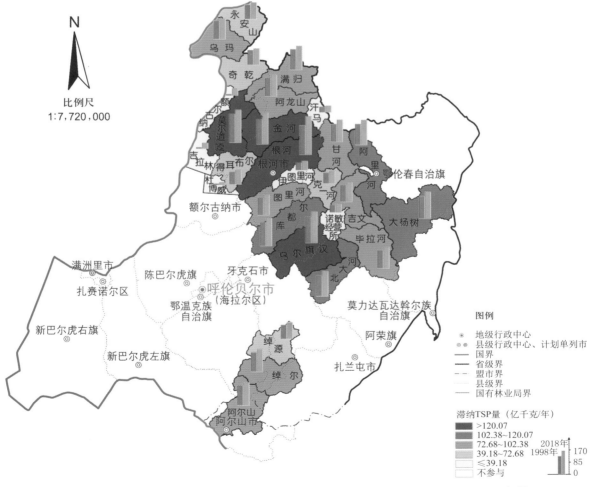

图 3-46 各林业局（自然保护区、经营所）**森林生态系统滞纳 TSP 量分布格局**

亿千克，占总滞纳 PM_{10} 量的 18.81%；最低的 3 个林业局为汗马、诺敏森林经营所和伊图里河；2018 年滞纳 PM_{10} 量最高的 3 个林业局为根河、金河和莫尔道嘎，为 690.58 亿千克，占总滞纳 PM_{10} 量的 17.96%；杜博威和吉拉林林业局除外，最低的 3 个林业局为汗马、额尔古纳和诺敏森林经营所，为 153.07 亿千克，占总滞纳 PM_{10} 量的 3.98%。相比 1998 年，2018 年滞纳 $PM_{2.5}$ 量增加了 236.77 万千克，增幅为 30.43%。1998 年滞纳 $PM_{2.5}$ 量最高的 3 个林业局为根河、莫尔道嘎和乌尔旗汉，为 143.05 亿千克，占总滞纳 $PM_{2.5}$ 量的 18.39%；最低的 3 个林业局为汗马、诺敏森林经营所和伊图里河；2018 年滞纳 $PM_{2.5}$ 量最高的 3 个林业局为根河、金河和乌尔旗汉，为 191.7 亿千克，占总滞纳 $PM_{2.5}$ 量的 18.89%；杜博威和吉拉林林业局除外，最低的 3 个林业局为汗马、额尔古纳和诺敏森林经营所，为 40.95 亿千克，占总滞纳 $PM_{2.5}$ 量的 4.04%。

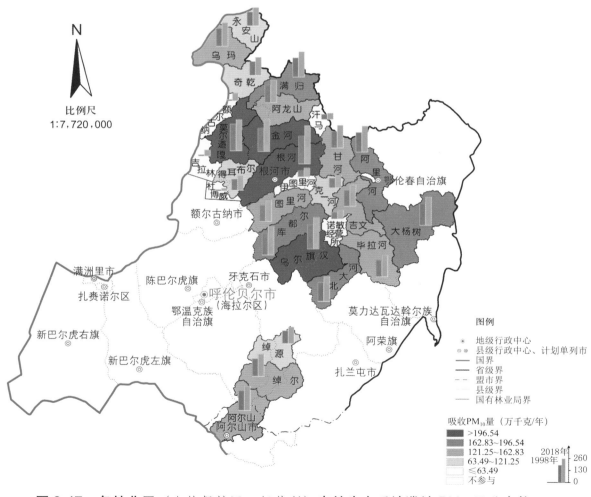

图 3-47　各林业局（自然保护区、经营所）**森林生态系统滞纳 PM_{10} 量分布格局**

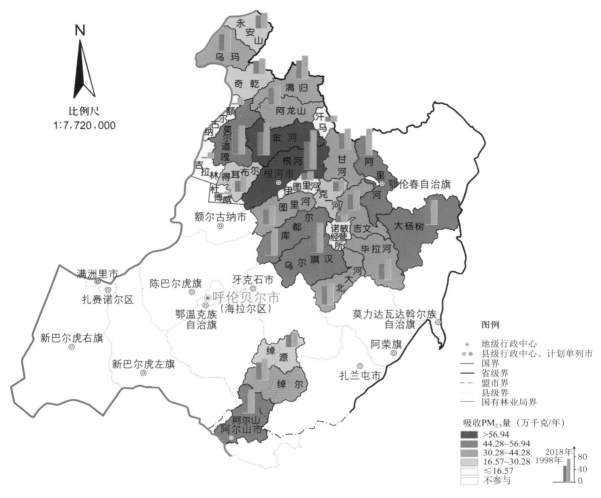

图 3-48　各林业局（自然保护区、经营所）森林生态系统滞纳 PM$_{2.5}$ 量分布格局

第四章
内蒙古森工森林生态系统
服务功能价值量评估

20 年间，内蒙古森工森林资源面积、蓄积量、生态功能均呈现出增长的态势。这些既得益于近年来国家实施的一系列林业发展战略措施和惠林政策，特别是实施天然林资源保护、生态公益林等林业重点工程建设，也得益于国有林区改革等一系列重大改革实践。

第一节　森林生态系统服务功能总价值量

根据评估指标体系及计算方法，得出内蒙古森工 1998 年和 2018 年森林生态系统服务功能总价值分别为 3755.79 亿元/年、5298.82 亿元/年。2018 年森林生态系统服务功能价值总量比 1998 年增加了 1543.03 亿元，增幅为 41.08%。所评估森林生态系统服务功能价值量及所占比例见表 4-1。

表 4-1　内蒙古森工不同时期森林生态系统服务功能价值量评估结果

年份	功能项	涵养水源	保育土壤	固碳释氧	林木积累营养物质	净化大气环境	生物多样性保护	森林游憩	提供林产品	合计
1998	价值量（×10⁸元/年）	950.16	563.37	740.55	175.22	549.40	777.09	—	—	3755.79
	比例（%）	25.30	15.00	19.72	4.66	14.63	20.69	—	—	100.00
2018	价值量（×10⁸元/年）	1341.32	760.11	1015.59	286.12	795.87	1090.34	4.97	4.50	5298.82
	比例（%）	25.32	14.34	19.17	5.40	15.02	20.58	0.09	0.08	100.00

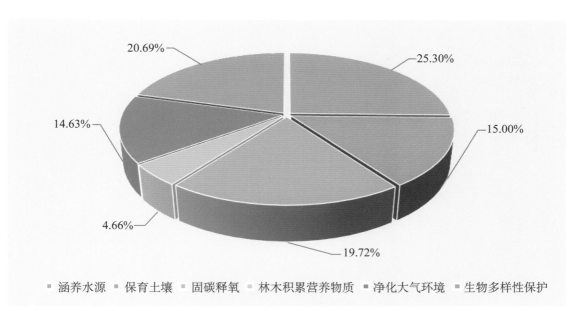

■ 涵养水源　■ 保育土壤　■ 固碳释氧　■ 林木积累营养物质　■ 净化大气环境　■ 生物多样性保护

图 4-1　内蒙古森工森林生态系统服务功能价值量比例（1998 年）

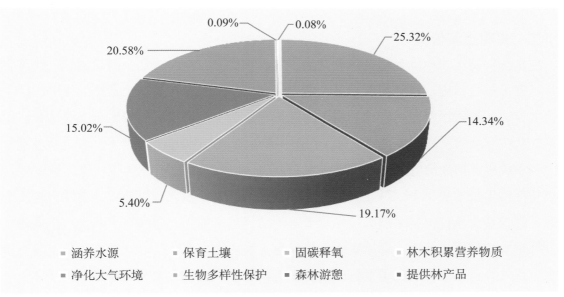

■ 涵养水源　　　　■ 保育土壤　　　　■ 固碳释氧　　　　■ 林木积累营养物质
■ 净化大气环境　　■ 生物多样性保护　■ 森林游憩　　　　■ 提供林产品

图 4-2　内蒙古森工森林生态系统服务功能价值量比例（2018 年）

一、涵养水源价值

　　森林有涵养水源、调节径流、缓洪补枯和净化水质等功能，是一座天然的"绿色水库"。由图 4-3 可知，1998 年、2018 年森林生态系统提供的各项服务功能中，均以涵养水源功能的价值量所占的比例最高，分别为 25.30% 和 25.32%；与 1998 年相比，2018 年涵养水源功能价值量增长 391.16 亿元 / 年，增幅为 41.17%；森林生态系统涵养水源功能对于维持内蒙古大兴安岭林区用水安全，防止水土流失，抵御洪灾、泥石流等自然灾害等方面具有不可替代的重要作用，是维护国土生态安全以及防灾减灾的重要措施和手段。

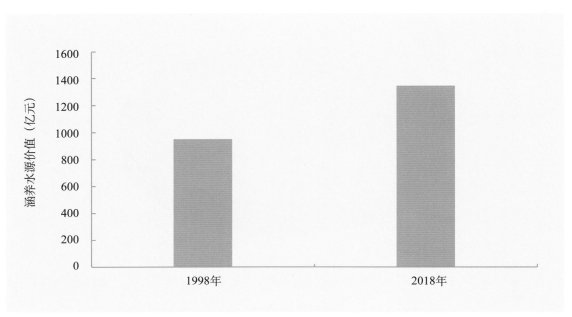

图 4-3　内蒙古森工不同时期森林生态系统涵养水源价值量

二、保育土壤价值

在水土保持工作中均是坚持以预防为主、保护优先、全面规划、因地制宜，注重自然恢复，突出综合治理，强化监督管理，创新体制机制，充分发挥水土保持的生态、经济和社会效益，实现水土资源可持续利用，为保护和改善生态环境、加快生态文明建设、推动经济社会持续健康发展提供重要支撑。由图 4-4 可知，1998 年和 2018 年保育土壤功能价值占生态系统服务功能价值量的比例分别为 15.00% 和 14.35%；与 1998 年相比，2018 年保育土壤功能价值量增长了 196.74 亿元 / 年，增加了 34.92%；由此可以看出，内蒙古森工森林生态系统保育土壤价值越来越大，保育土壤的功能越来越强，必将在内蒙古水土保持规划中发挥重要的作用。同时，森林生态系统保育土壤功能为森林与草原或森林与农区交错带的水土流失等自然灾害起到了很好的预防作用，对维护内蒙古大兴安岭国有林区及国土生态安全具有不可替代的重要地位。

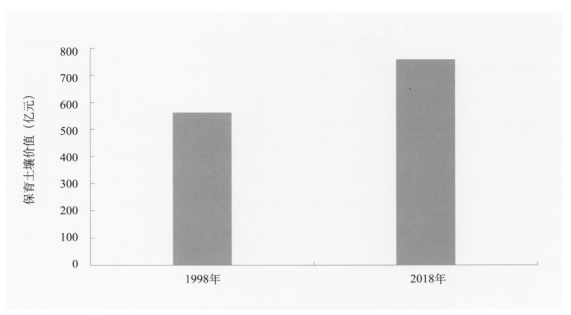

图 4-4　内蒙古森工不同时期森林生态系统保育土壤价值量

三、固碳释氧价值

从图 4-5 可以看出，森林生态系统固碳释氧价值呈增加的趋势。与 1998 年相比，2018 年固碳释氧功能价值量增长了 275.04 亿元 / 年，增幅为 37.14%；2003 年国家实施振兴东北老工业基地战略以来，取得了较快发展，但由于东北地区以重化工业为主，存在众多高污染、高能耗企业，老工业基地转型困难等问题。就内蒙古地区来讲，能源消费量不断增加，煤炭一直以来在能源消费结构中占主要地位，各种能源消费看，最大限度地充分发挥森林碳汇作用尤为重要。

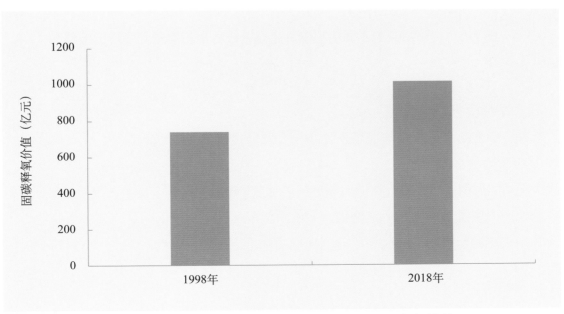

图 4-5　内蒙古森工不同时期森林生态系统固碳释氧价值量

四、林木积累营养价值

从图 4-6 可以看出，内蒙古森工森林生态系统林木积累营养物质价值量呈增加的趋势。与 1998 年相比，2018 年林木积累营养物质价值量增长了 110.9 亿元 / 年，增幅为 63.29%；林木积累营养物质功能可以使土壤中部分营养元素暂时地保存在植物体内，之后通过生命循环进入土壤，这样可以暂时降低因为水土流失而带来的养分元素的损失；而一旦土壤养分元素损失就会带来土壤贫瘠化，若想保持土壤原有的肥力水平，就需要向土壤中通过人为的方式输入养分，而这又会带来一系列的问题和灾难（Tan et al.，2005）。因此，林木营养物质积累能够很好地固持土壤的营养元素，维持土壤肥力和活性，对林地健康具有重要的作用。

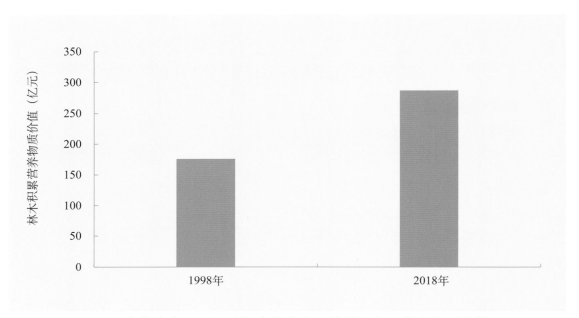

图 4-6　内蒙古森工不同时期森林生态系统林木积累营养物质价值量

五、净化大气环境价值

从图 4-7 可以看出，森林生态系统净化大气环境价值呈上涨的趋势。与 1998 年相比，2018 年净化大气环境价值量增长了 246.47 亿元 / 年，增幅为 44.86%。PM_{10} 和 TSP 在环境空气中持续的时间很长，对人体健康和大气能见度影响都很大；它被吸入人体后，会累积在呼吸系统中，引发多种疾病。森林生态系统净化大气环境功能即为林木通过自身的生长过程吸收空气中的污染物，起到净化大气环境的作用，极大地降低了空气污染物对于人体的危害。

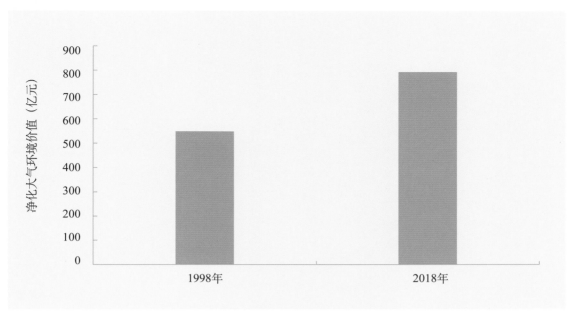

图 4-7　内蒙古森工不同时期森林生态系统净化大气环境价值量

六、生物多样性保护价值

从图 4-8 可以看出，森林生态系统生物多样性保护价值量呈增加的趋势。与 1998 年相比，2018 年生物多样性保护价值量增长了 313.25 亿元 / 年，增幅为 40.31%；近年来，生物多样性保护日益受到国际社会的高度重视，将其视为生态安全和粮食安全的重要保障，提高到人类赖以生存的条件和社会经济社会可持续发展基础的战略高度来认识。对我国来说，在建设生态文明、美丽中国的时代背景下，保护生物多样性已超越其物质层面的意义，更承载着人民对美好生活环境的期待和对历史责任的担当，是建设生态文明的客观要求。生物多样性保护是指森林生态系统为生物物种提供生存与繁衍的场所，从而对其起到保育作用的功能，其价值是森林生态系统在物种保育中作用的量化。一般而言，生物多样性丰富的地方往往也是山清水秀、鸟语花香、生态良好的地方。通过保护生物多样性，不断改善生态环境和宜居条件，让地球生机勃勃，这是提高生态文明水平的必由之路。生物多样性是人类赖以生存的条件，是经济社会可持续发展的基础，关系到当代及子孙后代的福祉。内蒙古大兴安岭重点国有林是全国天然林资源较丰富的区域，具有保存相对完好的典型森林生态系统，是我国北方天然的生态屏障，对中国乃至全球生物多样性保护具有重要的意义。内蒙古大兴安岭重点国有林区不仅动植物资源丰富，而且还保存了一大批珍贵、稀有及濒危动植物物种资源；同时，在大兴安岭建立的森林公园和自然保护区为生物多样性保护提供了坚实的基础。

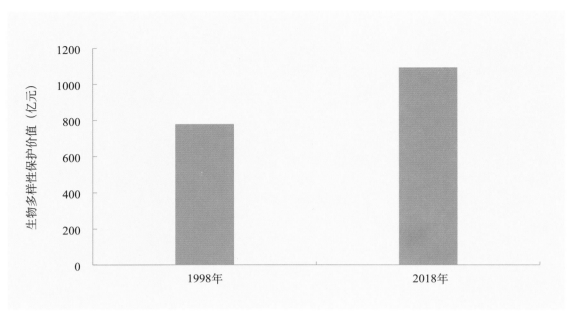

图 4-8　内蒙古森工不同时期森林生态系统生物多样性保护价值量

六、森林游憩价值

森林游憩直接产业与休闲产业主要包括森林公园、保护区、湿地公园、沙漠等产生的直接价值。内蒙古森工 2018 年旅游收入为 1.53 亿元。根据国家森林公园的所产生的生态效益分析，直接经济带动间接经济的生态效益比为 1：3.06。由此推算，直接带动其他产业产值为 4.6825 亿元，直接价值和带动价值合计 6.2125 亿元。另根据《2013 中国林业发展报告》中，2013 年森林公园接待游客量和创造的旅游产值约占全国森林旅游总规模的 80%。据此推算，2018 年内蒙古森工森林游憩所产生的收入为 4.97 亿元。

七、提供林产品价值

提供林产品的价值是指森林生态系统为人类提供的木材和林副产品的功能，属于直接价值；同时，发展林下经济也是为了进一步探索拓宽农民增收渠道、加快新农村建设步伐的重要决策。2007 年，时任国家林业局局长贾治邦在"全国林业产业大会暨中国林业产业协会成立大会"提出要在发展林下经济上取得重要突破的要求，全面提高林下经济的效益。根据内蒙古森工提供的林产品总价值 36091 万元，按现价折算，2018 年其提供的林产品总价值为 4.50 亿元，比 1998 年增长了 0.89 亿元，增长了 24.68%。

综上所述，涵养水源、保育土壤、净化大气环境、生物多样性保护是内蒙古大兴安岭重点国有林区生态系统服务功能的主体，为内蒙古大兴安岭重点国有林区的可持续发展提供了巨大的生态价值。

第二节　主要优势树种（组）生态系统服务功能价值量

主要优势树种（组）各项生态系统服务功能的价值量评估结果如图 4-9 至图 4-20，见表 4-2 和表 4-3。1998 年、2018 年内蒙古森工主要优势树种（组）各项生态系统服务功能价值量评估结果差异较明显。

一、涵养水源

1998 年和 2018 年涵养水源功能价值量最高的 3 个优势树种（组）均为落叶松、白桦和柞类，分别占全局涵养水源总价值量的 47.14%、33.87%、9.72% 和 44.45%、33.36%、9.39%；1998 年涵养水源功能价值量最低的优势树种（组）为经济林，占全局涵养水源价值量的 0.07%；2018 年涵养水源功能价值量最低的优势树种为榆树，占全局涵养水源价值量的 0.07%。2018 年落叶松和白桦涵养水源价值量分别为 596.24 亿元 / 年、447.49 亿元 / 年，与 1998 年相比增幅分别为 33.12%、39.05%（图 4-9 和图 4-10）。

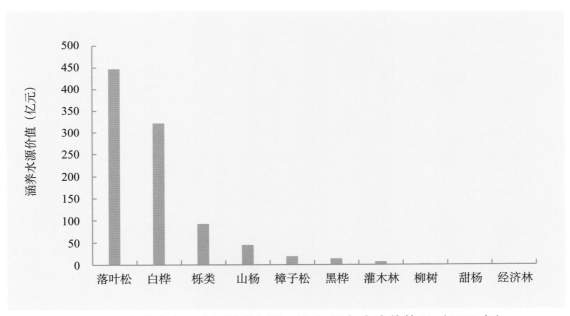

图 4-9　内蒙古森工主要优势树种（组）绿色水库价值量（1998 年）

表 4-2　内蒙古森工主要优势树种（组）森林生态系统服务功能价值量（1998 年）

优势树种（组）	涵养水源（亿元）	保育土壤（亿元）	固碳释氧（亿元）	林木积累营养物质（亿元）	净化大气环境								生物多样性保护（亿元）	合计（亿元）
					提供负离子（万元）	吸收二氧化硫（万元）	吸收氟化物（万元）	吸收氮氧化物（万元）	滞纳TSP（亿元）	滞纳PM$_{10}$（万元）	滞纳PM$_{2.5}$（万元）	计（亿元）		
落叶松	447.90	268.94	353.70	90.00	10120.26	54676.77	3593.02	2017.73	256.72	2887.04	737.07	264.12	380.82	1805.48
樟子松	19.03	9.29	12.12	3.49	437.56	2461.89	163.21	82.26	9.63	98.74	29.33	9.96	13.48	67.37
栎类	92.40	49.89	65.41	12.60	1844.56	11639.87	559.82	303.01	44.60	405.41	118.67	46.09	58.10	324.49
白桦	321.83	181.53	243.02	59.50	6990.21	38759.37	2414.76	1363.69	175.12	1955.66	498.85	180.32	254.49	1240.69
柳树	1.86	1.94	1.48	0.30	44.34	227.21	13.14	7.35	0.84	12.07	3.17	0.87	1.35	7.80
黑桦	14.07	9.29	12.51	2.96	359.77	1997.90	124.46	69.67	9.02	98.06	25.68	9.29	12.89	61.01
山杨	44.86	22.53	45.93	4.85	1321.34	7310.87	425.54	245.89	33.08	300.31	94.28	34.05	49.19	201.41
甜杨	0.81	1.97	0.63	0.15	18.08	100.09	6.24	3.50	0.46	4.93	1.29	0.47	0.65	4.68
经济林	0.67	1.62	0.52	0.12	14.86	82.27	5.13	2.88	0.37	4.05	1.06	0.38	0.55	3.86
灌木林	6.73	16.37	5.23	1.25	150.24	831.75	51.85	29.09	3.74	40.97	10.72	3.85	5.57	39.00
合计	950.16	563.37	740.55	175.22	21301.22	118087.99	7357.17	4125.07	533.58	5807.24	1520.12	549.40	777.09	3755.79

表 4-3　内蒙古森工主要优势树种（组）森林生态系统服务功能价值量（2018 年）

优势树种（组）	涵养水源（亿元）	保育土壤（亿元）	固碳释氧（亿元）	林木积累营养物质（亿元）	净化大气环境								生物多样性保护（亿元）	森林游憩（亿元）	提供林产品（亿元）	合计（亿元）
					提供负离子（万元）	吸收二氧化硫（万元）	吸收氟化物（万元）	吸收氮氧化物（万元）	滞纳TSP（亿元）	滞纳PM$_{10}$（万元）	滞纳PM$_{2.5}$（万元）	计（亿元）				
落叶松	596.24	346.57	461.44	133.36	13652.16	75561.62	4866.6	2739.98	366.59	3946.69	1016.36	376.77	525.35	—	—	2439.73
樟子松	21.23	10.45	15	4.54	419.16	2298.66	173.59	90.49	9.98	112.26	34.61	10.29	15.23	—	—	76.74
柞类	125.93	65.28	92.18	21.52	2883.32	15665.64	793.33	408.3	59.9	555.93	159.41	61.95	74.04	—	—	440.91
白桦	447.49	251.4	331.97	90.83	10004.59	55166.84	3446.79	1902.07	251.02	2705.69	695.74	258.41	356.87	—	—	1736.97
柳树	2.53	2.2	2.68	0.79	80.38	440.32	27.51	24.08	1.71	19.64	5.25	1.77	2.47	—	—	12.44
桦木	23.48	12.19	18.28	1.88	486.87	2684.63	177.73	93.54	13.37	132.16	34.59	13.73	17.36	—	—	86.92
枫桦	1.07	1.6	0.81	0.26	24.18	133	8.31	8.64	0.61	6.56	1.71	0.63	0.82	—	—	5.19
榆树	0.89	0.53	0.71	0.22	20.05	111.44	6.96	3.86	0.51	5.46	1.44	0.52	0.83	—	—	3.71
其他硬阔类	1.07	1.61	0.81	0.26	24.23	133.34	8.33	6.65	0.62	6.57	1.72	0.64	0.83	—	—	5.22
杨树	0.95	1.56	0.72	0.24	21.47	118.87	7.43	6.13	0.55	5.84	1.53	0.57	0.83	—	—	4.87
其他软阔类	97.03	54.57	72.76	30.35	2175.31	12000.9	749.82	439.94	55.29	590.56	164.62	56.90	78.4	—	—	390.01
灌木林	23.41	12.15	18.23	1.87	485.41	2676.58	177.2	93.26	13.33	131.76	34.49	13.69	17.31	—	—	86.66
合计	1341.32	760.11	1015.59	286.12	30277.13	166991.84	10443.6	5816.94	773.48	8219.12	2151.47	795.87	1090.34	4.97	4.50	5298.82

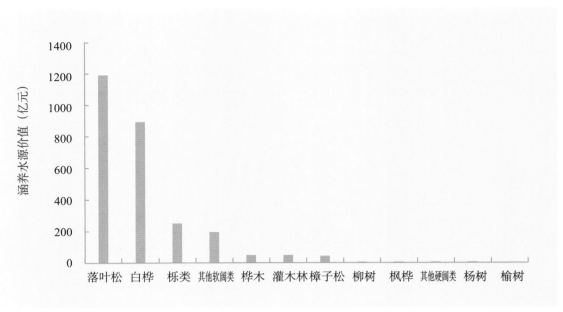

图 4-10　内蒙古森工主要优势树种（组）绿色水库价值量（2018 年）

二、保育土壤

1998 年、2018 年保育土壤功能价值量最高的 3 个优势树种（组）均为落叶松、白桦和栎类，分别占全局保育土壤价值量的 47.74%、32.22%、8.56% 和 45.59%、33.07%、8.59%；1998 年保育土壤功能价值量最低的优势树种（组）为经济林，占全局保育土壤价值量的 0.29%；2018 年保育土壤功能价值量最低的优势树种（组）为榆树，占全局保育土壤价值量的 0.07%。2018 年落叶松和白桦保育土壤价值量分别为 346.57 亿元 / 年、251.40 亿元 / 年，与 1998 年相比，增幅分别为 28.86%、38.49%（图 4-11 和图 4-12）。

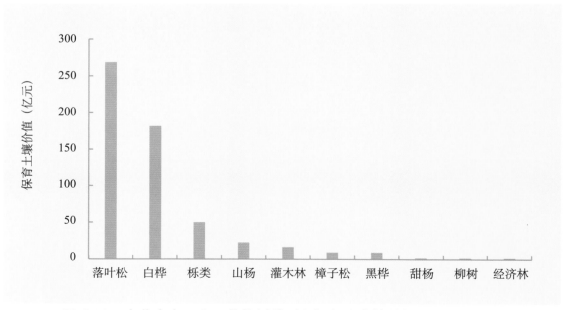

图 4-11　内蒙古森工主要优势树种（组）保育土壤价值量（1998 年）

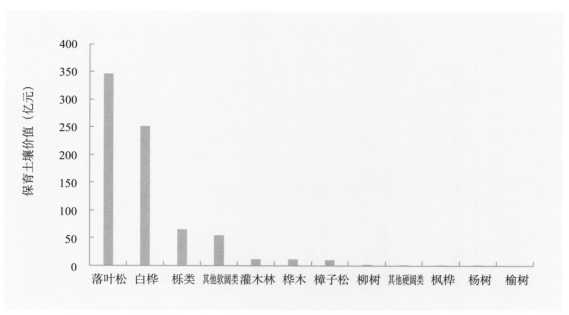

图 4-12　内蒙古森工主要优势树种（组）保育土壤价值量（2018 年）

三、固碳释氧

1998 年、2018 年固碳释氧功能价值量最高的 3 个优势树种（组）均为落叶松、白桦和栎类，分别占全局固碳释氧价值量的 47.76%、32.82%、8.83% 和 45.44%、32.69%、9.08%；1998 年固碳释氧功能价值量最低的优势树种（组）为经济林，占全局固碳释氧价值量的 0.07%；2018 年固碳释氧功能价值量最低的优势树种（组）为榆树，占全局固碳释氧价值量的 0.07%。2018 年落叶松和白桦固碳释氧价值量分别为 461.44 亿元 / 年、331.97 亿元 / 年，与 1998 年相比，增幅分别为 30.46%、36.60%（图 4-13 和图 4-14）。

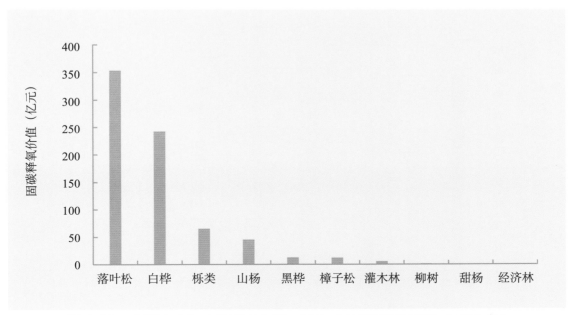

图 4-13　内蒙古森工主要优势树种（组）绿色碳库价值量（1998 年）

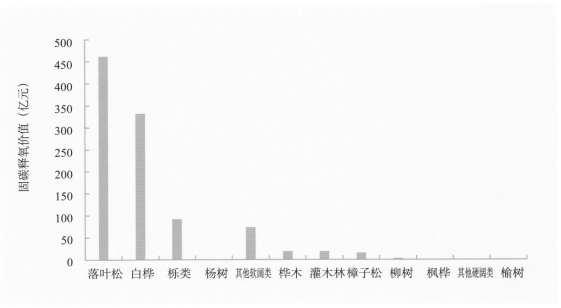

图 4-14　内蒙古森工主要优势树种（组）绿色碳库价值（2018 年）

四、林木积累营养物质

1998 年、2018 年林木积累营养物质功能价值量最高的 2 个优势树种（组）均为落叶松和白桦，分别占全局林木积累营养物质价值量的 51.36%、33.96% 和 46.61%、31.75%；1998 年林木积累营养物质功能价值量最低的优势树种（组）为柳树，占全局林木积累营养物质价值量的 0.17%；2018 年林木积累营养物质功能价值量最低的优势树种（组）为榆树，占全局林木积累营养物质价值量的 0.08%。2018 年落叶松和白桦林木积累营养物质价值量分别为 133.36 亿元/年、90.83 亿元 / 年，与 1998 年相比，增幅分别为 48.19%、52.65%（图 4-15 和图 4-16）。

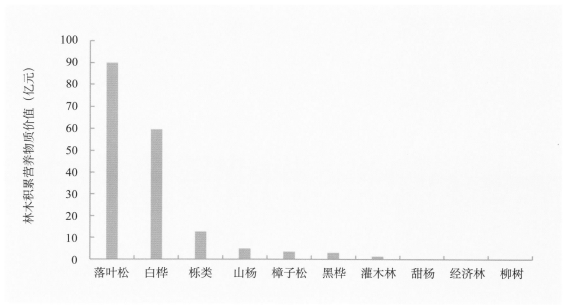

图 4-15　内蒙古森工主要优势树种（组）林木积累营养物质价值量（1998 年）

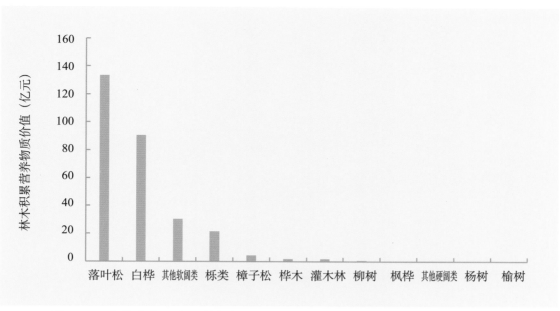

图 4-16　内蒙古森工主要优势树种（组）林木积累营养物质价值量（2018 年）

五、净化大气环境

1998 年、2018 年净化大气环境功能价值量最高的 2 个优势树种（组）均为落叶松和白桦，分别占全局净化大气环境价值量的 48.15%、32.51% 和 48.07%、32.82%；1998 年净化大气环境功能价值量最低的优势树种（组）为经济林，占全局净化大气环境价值量的 0.09%；2018 年净化大气环境功能价值量最低的优势树种（组）为榆树，占全局净化大气环境价值量的 0.07%。2018 年落叶松和白桦净化大气环境价值量分别为 374.77 亿元 / 年、258.42 亿元 / 年，与 1998 年相比，增幅分别为 41.89%、43.32%（图 4-17 和图 4-18）。

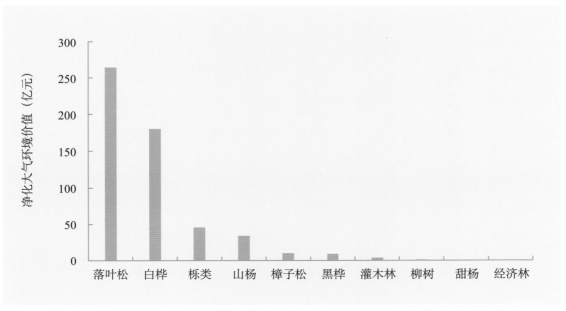

图 4-17　内蒙古森工主要优势树种（组）净化环境氧吧库价值量（1998 年）

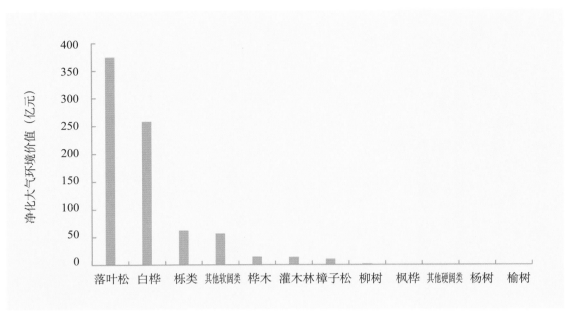

图 4-18　内蒙古森工主要优势树种（组）净化环境氧吧库价值量（2018 年）

六、生物多样性保护

1998 年、2018 年生物多样性保护功能价值量最高的 2 个优势树种（组）均为落叶松和白桦，分别占全局生物多样性保护价值量的 48.18%、32.73% 和 49.01%、32.75%；1998 年生物多样性保护功能价值量最低的优势树种（组）为经济林，占全局生物多样性保护价值量的 0.071%；2018 年生物多样性保护功能价值量最低的优势树种（组）为枫桦，占全局生物多样性保护价值量的 0.08%。2018 年落叶松和白桦生物多样性保护价值量分别为 525.35 亿元 / 年、356.87 亿元 / 年，与 1998 年相比，增幅分别为 29.47%、40.23%（图 4-19 和图 4-20）。

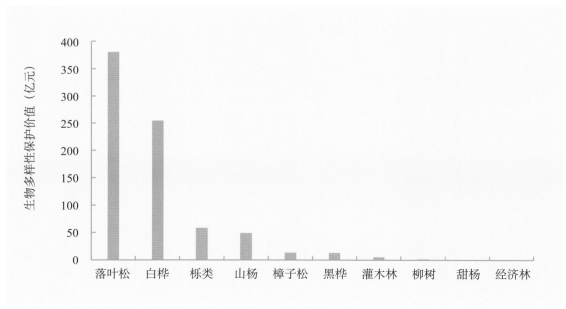

图 4-19　内蒙古森工主要优势树种（组）生物多样性基因库价值量（1998 年）

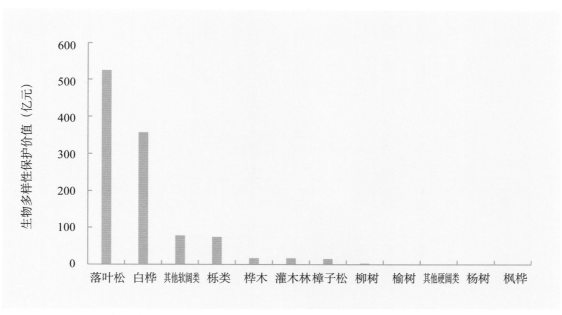

图 4-20　内蒙古森工主要优势树种（组）**生物多样性基因库价值量**（2018 年）

　　综上所述，森林生态系统服务功能主要优势树种价值量主与面积和林龄组有关。森林生态系统服务功能是林木生长过程中产生的，则林木的高生长也会对生态产品带来正面的影响。影响森林生产力的因素包括林分因子、气候因子、土壤因子和地形因子等，不同因子对森林生产力的贡献率不同。

第三节　各林业局（自然保护区、经营所）森林生态系统服务功能价值量

　　本研究根据森林生态系统服务功能评估公式，并采用分布式测算方法，运用相关模型、软件等，并基于内蒙古森工森林资源数据，分别对内蒙古森工 1998 年和 2018 年各林业局的森林生态系统服务功能进行测算，计算了各林业局森林生态系统各项服务功能的价值量，见表 4-4 至表 4-5、图 4-21 至图 4-28。其中，本次评估另外对阿尔山林业局的呼伦贝尔市部分和兴安盟部分分别进行了测算，见表 4-6。由于额尔古纳林业局 1998 年隶属莫尔道嘎林业局，所以 1998 年莫尔道嘎林业局柱状图为莫尔道嘎林业局与额尔古纳林业局的总和；原毕拉河林业局包括自然保护区部分；杜博威和吉拉林林业局已划分为地方林业局，不作重点论述。

表4-4 各林业局（自然保护区、经营所）森林生态系统服务功能价值量（1998年）

区域	涵养水源（亿元）	保育土壤（亿元）	固碳释氧（亿元）	林木积累营养物质（亿元）	净化大气环境								生物多样性保护（亿元）	合计（亿元）
					提供负离子（万元）	吸收二氧化硫（万元）	吸收氟化物（万元）	吸收氮氧化物（万元）	滞纳TSP（亿元）	滞纳PM_{10}（万元）	滞纳$PM_{2.5}$（万元）	计（亿元）		
阿尔山	44.39	27.87	33.00	7.92	933.01	5315.63	335.30	188.39	24.15	269.14	73.23	24.86	35.30	173.34
绰尔	39.56	24.09	31.74	7.51	914.59	5059.66	315.24	176.74	22.85	240.69	65.12	23.53	33.25	159.68
绰源	29.41	17.42	22.99	5.44	626.00	3661.64	228.14	127.90	16.55	180.08	47.14	17.04	24.06	116.36
乌尔旗汉	55.08	32.59	43.01	10.13	1238.05	6849.03	426.72	239.24	30.95	336.83	88.17	31.87	45.01	217.69
库都尔	49.63	29.34	38.70	9.15	1115.05	6168.60	384.33	215.47	27.87	303.37	79.41	28.70	40.54	196.06
图里河	35.74	21.23	27.98	6.59	802.74	4440.88	276.69	155.12	20.06	218.40	57.17	20.66	29.18	141.37
伊图里河	15.39	9.13	12.04	2.85	346.79	1918.50	119.53	67.01	8.67	94.35	24.70	8.93	12.61	60.94
克一河	22.88	13.53	17.81	4.21	513.27	2839.48	176.91	99.18	12.83	139.64	37.89	13.21	18.66	90.30
甘河	37.51	22.22	29.26	6.92	843.07	4664.00	290.59	162.91	21.08	229.37	60.04	21.69	30.65	148.26
吉文	36.02	21.38	28.06	6.63	808.45	4472.48	278.64	156.22	20.21	219.95	57.57	20.81	29.39	142.29
阿里河	44.73	26.42	34.81	8.24	1003.07	5549.10	345.73	193.83	25.07	272.90	71.43	25.82	36.47	176.49
根河	62.70	37.13	48.89	11.57	1408.71	7793.17	497.54	272.22	35.21	383.27	100.32	36.26	51.21	247.76
金河	52.63	31.15	41.03	9.71	1182.31	6540.67	432.78	228.47	29.55	321.67	84.20	30.43	42.99	207.94
阿龙山	38.94	23.16	30.50	7.22	878.87	4868.77	302.92	169.83	21.97	239.11	62.59	22.62	31.95	154.39
满归	42.82	25.36	33.40	7.90	962.36	5323.90	331.70	185.97	24.06	261.83	68.53	24.77	34.99	169.24

（续）

区域	涵养水源 (亿元)	保育土壤 (亿元)	固碳释氧 (亿元)	林木积累营养物质 (亿元)	净化大气环境								生物多样性保护 (亿元)	合计 (亿元)
					提供负离子 (万元)	吸收二氧化硫 (万元)	吸收氟化物 (万元)	吸收氮氧化物 (万元)	滞纳TSP (亿元)	滞纳PM_{10} (万元)	滞纳$PM_{2.5}$ (万元)	计 (亿元)		
得耳布尔	26.14	15.53	20.46	4.84	589.60	3261.76	203.22	113.93	14.74	160.41	41.99	15.18	21.44	103.59
莫尔道嘎	61.27	34.40	47.40	11.21	1387.81	7677.55	430.16	268.18	34.11	372.51	91.01	35.13	50.45	239.86
大杨树	47.11	27.98	36.91	8.73	1063.45	5883.17	366.55	201.79	26.58	289.33	75.73	27.37	38.66	186.76
毕拉河	36.90	21.99	29.02	6.87	836.21	4626.00	288.22	161.59	20.90	227.50	59.87	21.52	30.40	146.70
北大河	43.03	25.46	33.55	7.94	966.69	5347.87	333.20	184.33	24.16	263.01	68.84	24.88	35.14	170.00
乌玛	40.37	23.90	31.48	7.45	907.00	5017.63	312.62	175.27	22.67	246.77	64.59	23.34	32.97	159.51
永安山	30.57	18.08	23.83	5.63	686.81	3686.95	236.73	132.72	17.17	186.86	48.91	17.67	24.97	120.75
奇乾	30.78	18.21	24.03	5.68	692.29	3829.85	238.62	133.78	17.30	188.35	49.30	17.81	25.17	121.68
诺敏森林经营所	15.05	8.90	11.72	2.77	337.62	1867.75	116.37	65.24	8.44	91.86	24.04	8.69	12.27	59.40
汗马	11.51	6.90	8.93	2.11	257.40	1423.95	88.72	49.74	6.43	70.03	18.33	6.62	9.36	45.43
合计	950.16	563.37	740.55	175.22	21301.22	118087.99	7357.17	4125.07	533.58	5807.24	1520.12	549.40	777.09	3755.79

表 4-5　各林业局（自然保护区、经营所）森林生态系统服务功能价值量（2018 年）

区域	涵养水源（亿元）	保育土壤（亿元）	固碳释氧（亿元）	林木积累营养物质（亿元）	净化大气环境								生物多样性保护（亿元）	森林游憩（亿元）	提供林产品（亿元）	合计（亿元）
					提供负离子（万元）	吸收二氧化硫（万元）	吸收氟化物（万元）	吸收氮氧化物（万元）	滞纳TSP（亿元）	滞纳PM₁₀（万元）	滞纳PM₂.₅（万元）	计（万元）				
阿尔山	58.21	35.70	41.90	11.96	1238.10	7352.83	463.01	232.95	31.96	348.06	99.24	32.93	48.74	—	—	229.44
绰尔	56.17	31.57	40.91	11.58	1199.39	7005.61	423.00	238.27	31.87	319.18	85.34	32.80	45.91	—	—	218.94
绰源	41.11	23.02	30.68	8.58	851.19	4973.79	317.39	173.47	23.22	242.15	59.96	23.88	33.22	—	—	160.49
乌尔旗汉	77.52	42.42	58.08	15.58	1663.70	9265.20	579.47	314.34	43.87	460.31	120.72	45.11	62.15	—	—	300.86
库都尔	66.37	37.90	52.25	13.97	1506.93	8229.60	540.33	290.02	38.94	420.12	109.57	40.05	55.97	—	—	266.51
图里河	50.13	28.13	37.71	10.43	1042.65	5920.78	393.07	211.71	28.68	308.41	78.21	29.48	40.29	—	—	196.17
伊图里河	20.70	11.91	15.73	4.41	464.29	2550.77	171.85	93.28	12.71	135.72	35.13	13.06	17.41	—	—	83.22
克一河	32.64	17.17	23.05	6.56	717.24	3680.95	242.18	136.73	17.57	197.17	47.06	18.07	25.76	—	—	123.25
甘河	50.76	28.16	38.41	10.72	1120.03	6258.68	408.41	220.64	30.90	328.27	82.62	31.74	42.32	—	—	202.11
吉文	50.53	28.26	37.67	10.41	1132.38	6229.91	384.26	208.53	27.92	309.03	79.46	28.75	40.58	—	—	196.20
阿里河	62.37	35.27	46.87	13.39	1429.15	7330.01	487.60	266.60	35.11	377.63	105.31	36.11	50.36	—	—	244.37
根河	89.13	50.26	67.55	19.28	2050.60	10936.31	691.22	400.80	54.01	553.29	155.91	55.49	70.71	—	—	352.42
金河	74.14	42.10	57.74	16.32	1702.39	9294.31	588.36	343.46	44.84	467.75	129.79	46.09	59.35	—	—	295.74
阿龙山	55.55	30.60	40.38	11.08	1229.53	6775.48	419.99	231.32	30.91	327.65	78.83	31.82	44.12	—	—	213.55
满归	59.55	33.44	44.58	12.29	1273.76	7157.32	457.55	237.74	33.20	362.41	93.88	34.16	48.31	—	—	232.33
得耳布尔	34.21	20.72	26.50	7.74	812.51	4293.67	290.69	170.86	20.30	218.80	60.78	20.88	29.60	—	—	139.65

（续）

区域	涵养水源（亿元）	保育土壤（亿元）	固碳释氧（亿元）	林木积累营养物质（亿元）	净化大气环境								生物多样性保护（亿元）	森林游憩（亿元）	提供林产品（亿元）	合计（亿元）
					提供负离子（万元）	吸收二氧化硫（万元）	吸收氟化物（万元）	吸收氮氧化物（万元）	滞纳TSP（亿元）	滞纳PM_{10}（万元）	滞纳$PM_{2.5}$（万元）	计（万元）				
莫尔道嘎	76.42	39.19	59.67	17.47	1895.84	10785.75	540.92	319.85	46.15	455.13	115.29	47.56	54.87	—	—	295.18
大杨树	55.86	37.15	49.45	13.98	1489.21	8214.63	505.72	281.75	37.40	400.33	100.05	38.50	53.38	—	—	248.21
毕拉河	52.04	29.45	39.71	11.83	1250.18	6723.99	416.80	218.17	29.64	311.42	87.26	30.54	41.97	—	—	205.54
北大河	60.65	33.92	43.98	12.61	1314.08	7446.15	466.44	258.39	34.55	363.20	92.37	35.54	48.52	—	—	235.22
乌玛	56.57	31.87	42.72	11.78	1238.10	6603.92	427.51	235.47	29.36	338.47	87.16	30.25	45.53	—	—	218.72
永安山	41.66	24.08	31.73	8.93	962.23	5172.21	328.40	180.15	23.57	259.18	64.20	24.27	34.47	—	—	165.14
奇乾	42.05	24.33	32.04	8.95	970.08	5214.57	328.24	174.62	22.76	258.28	62.67	23.46	34.75	—	—	165.58
诺敏森林经营所	21.10	11.93	15.03	4.46	464.29	2637.20	158.48	97.56	12.18	123.57	34.58	12.53	16.95	—	—	82.00
汗马	16.01	9.06	11.61	3.38	360.69	1983.72	119.24	112.94	9.22	92.28	24.74	9.49	12.91	—	—	62.46
额尔古纳	18.36	10.37	13.70	3.91	413.03	2272.76	129.75	77.02	10.23	111.35	27.50	10.53	14.80	—	—	71.67
吉拉林	14.83	8.33	10.75	3.08	334.09	1842.97	113.23	62.55	8.54	89.20	23.09	8.79	11.96	—	—	57.74
杜博威	6.68	3.80	5.19	1.44	151.49	838.76	50.49	27.76	3.87	40.76	10.75	3.98	5.43	—	—	26.52
合计	1341.32	760.11	1015.59	286.12	30277.13	16991.84	10443.6	5816.94	773.48	8219.12	2151.47	795.87	1090.34	4.97	4.50	5298.82

表 4-6　阿尔山林业局森林生态系统服务功能价值量

区域	年份	涵养水源(亿元)	保育土壤(亿元)	固碳释氧(亿元)	林木积累营养物质(亿元)	净化大气环境								生物多样性保护(亿元)	合计(亿元)
						提供负离子(万元)	吸收二氧化硫(万元)	吸收氟化物(万元)	吸收氮氧化物(万元)	滞纳TSP(亿元)	滞纳PM_{10}(万元)	滞纳$PM_{2.5}$(万元)	计(亿元)		
兴安盟境内	1998	30.69	24.95	16.44	4.89	664.45	3694.63	225.00	98.11	16.42	103.02	52.80	16.90	22.00	119.87
	2018	40.28	21.28	31.49	7.43	821.91	4969.92	316.85	178.41	21.73	266.68	65.48	22.39	36.14	153.01
呼伦贝尔市境内	1998	13.70	2.92	16.56	3.03	268.56	1621.00	110.30	90.28	7.73	166.12	20.43	7.96	13.30	53.47
	2018	17.93	14.42	10.41	4.53	416.19	2382.91	146.16	54.54	10.23	81.38	33.76	10.54	12.60	76.43
阿尔山合计	1998	44.39	27.87	33	7.92	933.01	5315.63	335.3	188.39	24.15	269.14	73.23	24.86	35.3	173.34
	2018	58.21	35.70	41.90	11.96	1238.10	7352.83	463.01	232.95	31.96	348.06	99.24	32.93	48.74	229.44

一、涵养水源价值

　　1998 年和 2018 年涵养水源功能价值量最高的 4 个林业局均为根河、莫尔道嘎、金河和乌尔旗汉，分别占全局涵养水源总价值量的 23.65% 和 24.38%。1998 年涵养水源价值量最低的 3 个林业局为汗马、诺敏森林经营所和伊图里河，共占总价值量的 4.41%；杜博威、吉拉林林业局除外，2018 年价值量最低的 3 个林业局为汗马、额尔古纳和伊图里河，共占总价值量的 4.11%（图 4-21）。与 1998 年相比，2018 年全局涵养水源价值量增加了 391.16 亿元，增幅 29.16%。一般而言，建设水利设施用以拦截水流、增加贮备是人们采用的最多的工程方法，但是建设水利等基础设施存在许多缺点，如占用大量的土地，改变了其土地利用方式，均会对社会造成不同程度的影响。另外，基础设施存在使用年限和一定的危险性。随着使用年限的延伸，水利设施内会淤积大量的淤泥，降低使用寿命，并且还存在崩塌的危险，对人民群众的生产生活造成潜在的危险。所以利用和提高森林生态系统涵养水源功能，可以减少相应的水利设施建设，将一些潜在的危险性降低到最低。

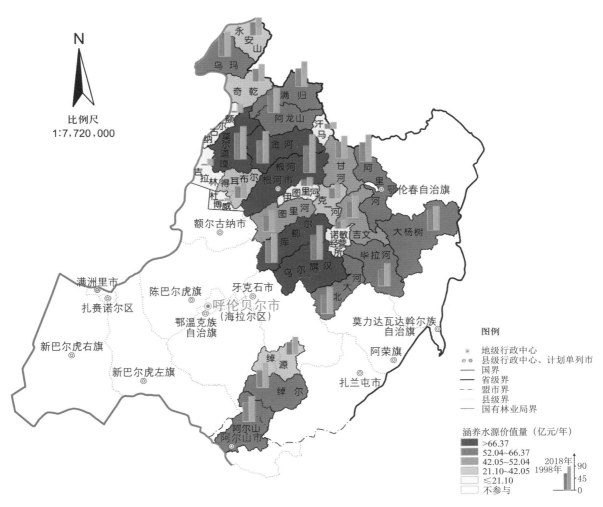

图 4-21　各林业局（自然保护区、经营所）**森林生态系统绿色水库价值量空间分布**

二、保育土壤价值

1998 年和 2018 年保育土壤功能价值量最高的 4 个林业局均为根河、莫尔道嘎、金河和乌尔旗汉，分别占全局保育土壤总价值量的 24.01% 和 22.89%。1998 年保育土壤功能价值量最低的 3 个林业局均为汗马、诺敏森林经营所和伊图里河，共占总价值量的 4.42%；杜博威、吉拉林林业局除外，2018 年其功能价值量最低的 3 个林业局为汗马、额尔古纳和伊图里河，共占总价值量的 4.90%（图 4-22）。与 1998 年相比，2018 年全局保育土壤价值量增加 196.62 亿元，增幅 25.87%；其中增加量最多的为根河林业局，增加 13.13 亿元，增幅为26.42%。

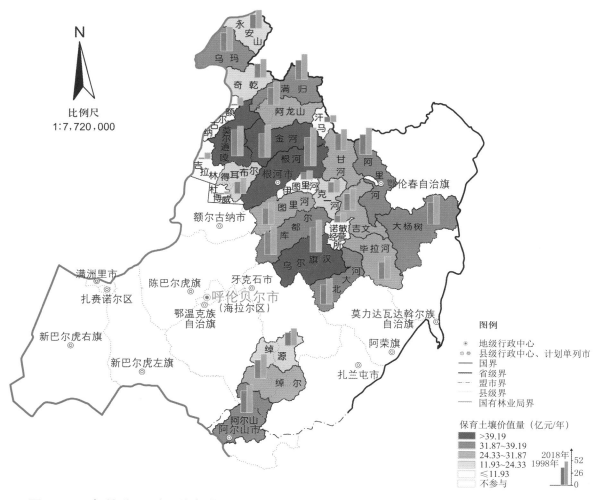

图 4-22　各林业局（自然保护区、经营所）**森林生态系统保育土壤价值量空间分布**

三、固碳释氧价值

1998 年和 2018 年固碳释氧功能价值量最高的 4 个林业局均为根河、莫尔道嘎、金河和乌尔旗汉，分别占全局固碳释氧总价值量的 24.35% 和 23.93%。1998 年固碳释氧功能价值量最低的 3 个林业局均为汗马、诺敏森林经营所和伊图里河，共占总价值量的 4.41%；杜博威、吉拉林林业局除外，2018 年价值量最低的 3 个林业局为额尔古纳、诺敏森林经营所和汗马，共占总价值量的 3.97%（图 4-23）。与 1998 年相比，2018 年全局固碳释氧价值量增加 275.04 亿元，增幅 27.08%；其中增加量最多的为金河林业局，增加了 16.71 亿元，增幅为 28.94%。

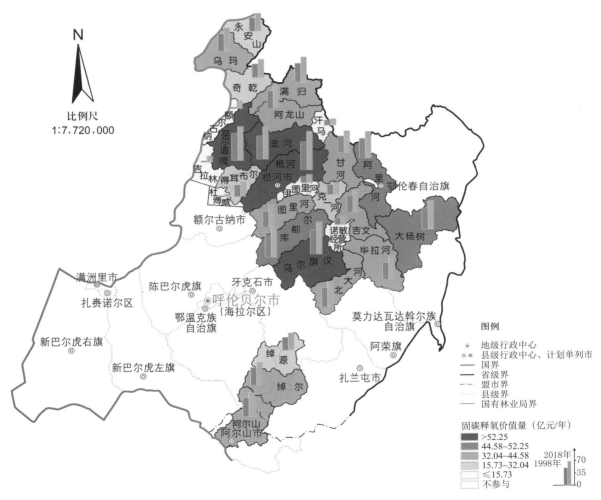

图 4-23　各林业局（自然保护区、经营所）**森林生态系统绿色碳库价值量空间分布**

四、林木积累营养物质价值

　　1998 年和 2018 年林木积累营养物质价值量最高的 4 个林业局均为根河、莫尔道嘎、金河和乌尔旗汉，分别占全局林木积累营养物质总价值量的 24.32% 和 23.40%。1998 年林木积累营养物质价值量最低的 3 个林业局为汗马、诺敏森林经营所和伊图里河，共占总价值量的 4.41%；杜博威、吉拉林林业局除外，2018 年其价值量最低的 3 个林业局为额尔古纳、伊图里河和汗马，共占总价值量的 4.09%（图 4-24）。与 1998 年相比，2018 年全局林木积累营养物质价值量增加 110.91 亿元，增幅 37.94%；其中增加量最多的为毕拉河林业局，增加 4.96 亿元，增幅为 41.95%。

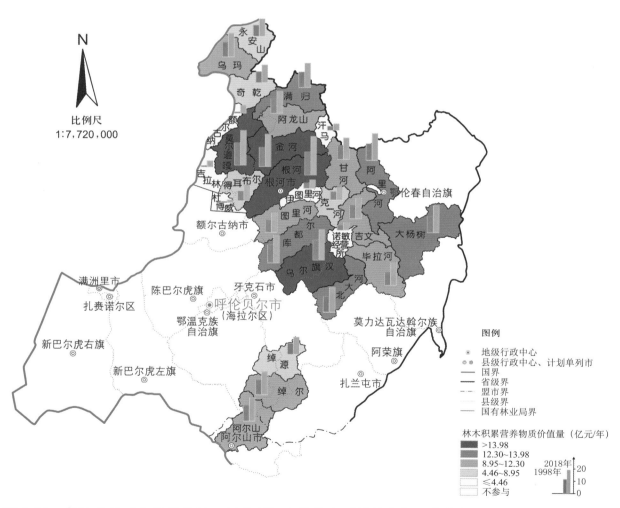

图 4-24　各林业局（自然保护区、经营所）**森林生态系统林木积累营养物质价值量空间分布**

五、净化大气环境价值

1. 提供负离子价值

与 1998 年相比，2018 年全局提供负离子价值量增加 8975.91 万元，增幅 42.13%。其中，增加量最多的为根河林业局，增加 641.89 万元，增幅为 45.57%。1998 年和 2018 年提供负离子价值量最高的 4 个林业局为根河、莫尔道嘎、金河和乌尔旗汉，分别占全局提供负离子总价值量的 24.49% 和 24.14%（图 4-25）。

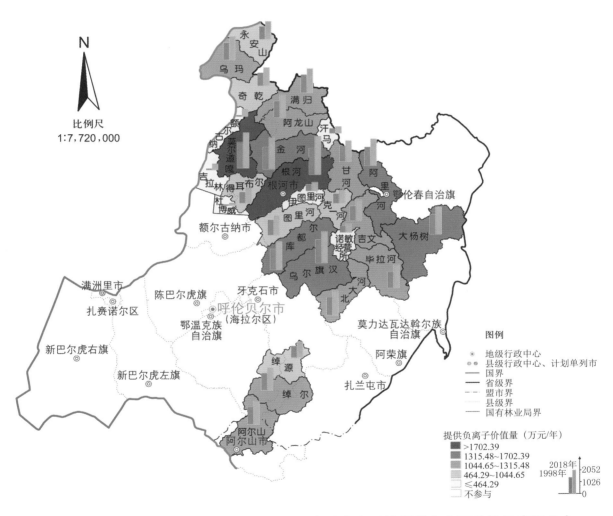

图 4-25　各林业局（自然保护区、经营所）森林生态系统提供负离子价值量空间分布

2. 吸收气体污染物价值

与1998年相比,2018年全局吸收气体污染物(SO₂、NOₓ、HF)价值量增加了53682.15万元,增幅41.43%。其中,增加量最多的为根河林业局,增加3305.20万元,增幅为38.60%。1998年和2018年吸收污染物价值量最高的4个林业局均为根河、莫尔道嘎、金河和乌尔旗汉,分别占全局吸收污染物总价值量的24.43%和24.04%（图4-26）。

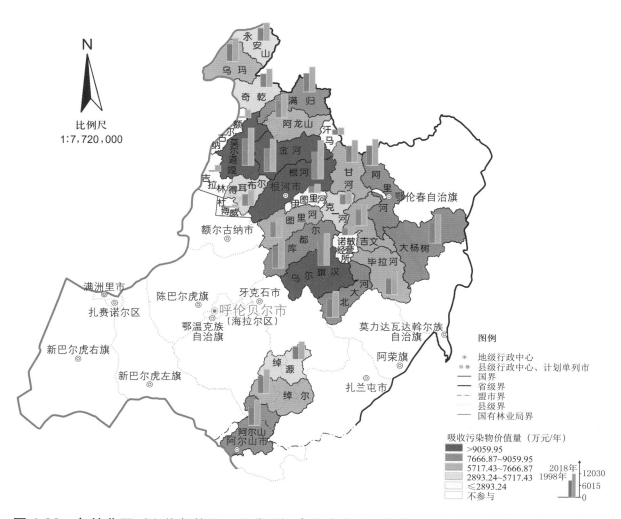

图4-26　各林业局（自然保护区、经营所）**森林生态系统吸收气体污染物价值量空间分布**

3. 滞尘价值

与1998年相比,2018年全局滞尘（TSP、PM₂.₅、PM₁₀）价值量增加240.21亿元,增幅44.96%。其中,增加量最多的为根河林业局,增加18.82亿元,增幅为49.37%。1998年和2018年滞尘价值量最高的4个林业局均为根河、莫尔道嘎、金河和乌尔旗汉,分别占全局滞尘价值总价值量的24.33%和24.42%（图4-27）。

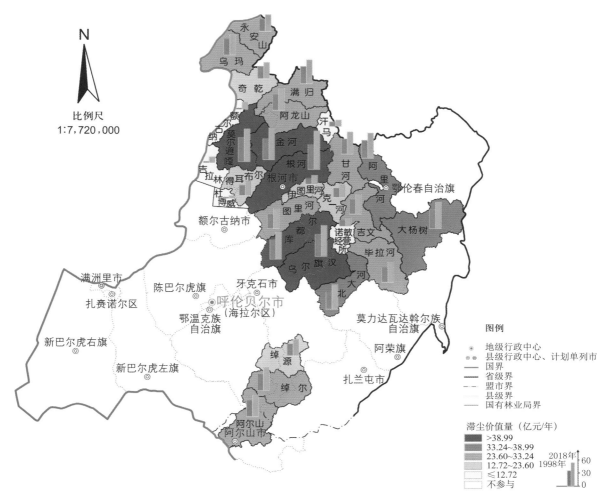

图 4-27　各林业局（自然保护区、经营所）**森林生态系统滞尘价值量空间分布**

森林生态系统净化大气环境功能主要是林木通过自身的生长过程，吸收空气中的污染物质，在体内经过一系列的转化过程，将吸收的污染物降解后排出体外或储存在体内；另一方面，林木通过林冠层的作用，加速颗粒物的沉降或吸附滞纳在叶片表面，进而起到净化大气环境的作用，极大地降低了空气污染物对人体的危害。2013 年，《内蒙古自治区贯彻〈大气污染防治行动计划〉实施意见》经自治区政府常务会通过后，内蒙古在大气污染防治行动计划中的目标任务是，到 2017 年，全区地级以上的城市细颗粒物浓度比 2012 年下降10% 左右。重点工作任务是，淘汰分散燃煤锅炉，有效治理煤烟污染；深化工业污染治理，减少污染物排放；加强扬尘污染控制，深化面源污染管理等政策。同时，明确政府企业和社会的责任，动员全民参与环境保护。相比于自治区出台的相关环境污染治理措施和行动计划，内蒙古森工森林生态系统作为天然的"滞尘库"，在环境污染防治方面扮演着不可替代的角色。

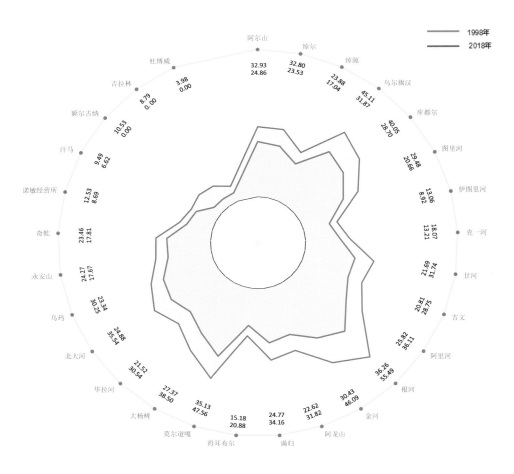

图 4-28　各林业局（自然保护区、经营所）**森林生态系统净化环境氧吧库总价值量空间分布**（亿元）

从图 4-28 可以看出，1998 年和 2018 年内蒙古森工各林业局（自然保护区、经营所）森林生态系统净化环境氧吧库价值量为增长的趋势。其中以根河、金河、莫尔道嘎和乌尔旗汗价值量最大，分别为 133.68 亿元 / 年和 194.26 亿元 / 年，占相应年份总价值量的 22.49% 和 24.41%；其次为库都尔、大杨树和阿里河净化大气环境价值量最大，分别为 81.88 亿元 / 年和 114.66 亿元 / 年，分别占相应年份的 13.78% 和 14.41%；1998 年占比最小的为汗马、诺敏经营所和伊图里河总价值合计 24.24 亿元 / 年，占相应年价值量的 4.08%；杜博威和吉拉林除外，以汗马、额尔古纳河诺明经营所价值量最小，占相应年份总价量的 4.09%。树木不但可以阻隔放射性物质和辐射的传播，而且可以起到过滤和吸收作用。在有辐射污染的厂矿或带有放射性物质的科研基地周围，设置一定结构的绿化防护林带，选择一些抗辐射性强的树种，一定程度上可防御和减少放射污染对人体的危害。由于森林和树木的枝叶茂密，可以阻挡气流和减低风速，随着风速的减低，使烟尘在大气中失去移动的动力而降落。树叶的吸附力很强，吸附烟尘的树叶被雨水淋洗后，又重新起到吸尘的作用，不仅如此，森林通光合作用吸收二氧化碳的同时，释放出大量的氧气。因此，森林对大气污染物的净化是巨大的，可称之为天然的"净化环境氧吧库"。

六、生物多样性保护价值

与 1998 年相比，2018 年全局生物多样性保护价值量增加 313.25 亿元，增幅 40.31%；1998 年和 2018 年生物多样性保护价值量最高的 4 个林业局为根河、莫尔道嘎、金河和乌尔旗汉，分别占全局生物多样性总价值量的 24.41% 和 22.66%（图 4-29）。党的十八大以来，习近平总书记强调，我国生态文明建设要实施重大生态修复工程，增强生态产品生产能力，保护生物多样性。李克强总理要求，加强生物多样性保护和科学合理利用，提高生态文明水平和可持续发展能力。我国是生物多样性最丰富的国家之一，近年来深入实施《中国生物多样性保护战略与行动计划》和《联合国生物多样性十年中国行动方案》，生物多样性保护工作取得积极进展。森林生态系统具有丰富多样的动植物资源，而森林本身就是一个生物多样性极高的载体，为各物种提供了丰富的食物来源、安全栖息地，维持了物种的多样性。

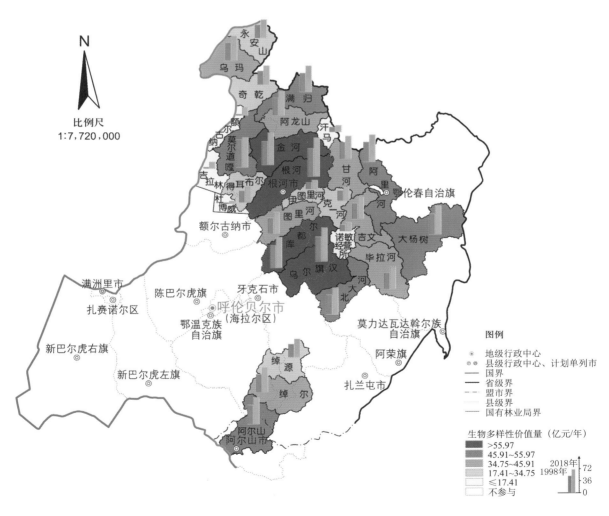

图 4-29　各林业局（自然保护区、经营所）森林生态系统生物多样性基因库价值量空间分布

七、各林业局（自然保护区、经营所）森林生态系统服务功能总价值

内蒙古森工森林生态系统服务功能总价值量3755.79亿元/年（1998年）和5298.82亿元（2018年），20年间，增长了1543.03亿元，增幅为41.08%；由图4-30分析，1998年和2018年内蒙古森工各林业局总价值量均呈现增加的趋势，且以根河、金河增长幅度最大；1998年和2018年均以根河、金河、乌尔旗汗和莫尔道嘎森林生态系统总价值量最大，且均大于200亿元/年，合计为913.26亿元/年和3759.26亿元/年，占相应年份总价值量24.32%和70.95%；总价值量介于150亿~200亿元/年，合计为1545.48亿元/年和883.59亿元/年，占相应年份总价值量的41.15%和16.68%。20年间天然林资源保护工程的实施，使得其森林资源面积和蓄积量均得到了大幅度的提升。通过分析森林生态系统服务主导功能，价值增长迅速。由该评估结果可知：只要加大生态保护修复力度，充分发挥森林在涵养水源、保持水土、净化空气、治理风沙、维护物种多样性等方面的重要作用，就能够有效调节自然水源，促进旱时"供水"、涝时"蓄水"，实现"青山常在、碧水长流"；就能为人民提供更多亲近森林、享受自然、休闲康养的活动场所，让更多森林成为人与自然和谐共生的健康福地。

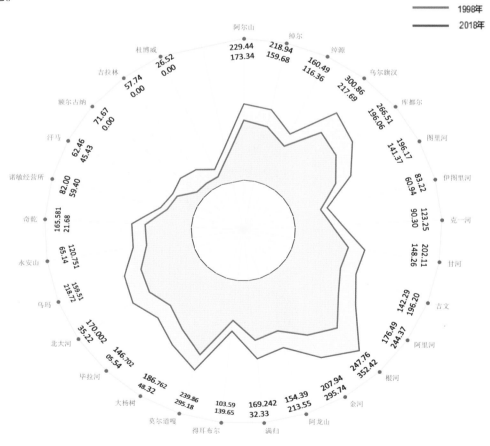

图4-30　各林业局（自然保护区、经营所）**森林生态系统服务功能总价值量空间分布**（亿元）

第五章
内蒙古森工湿地生态系统
服务功能评估

第一节　湿地资源概况

内蒙古大兴安岭林区地域辽阔，资源丰富，物种繁多，既是松嫩平原和呼伦贝尔草原的天然屏障和分界线，又是嫩江和额尔古纳水系的重要发源地，具有我国独有的原生性寒温带针叶林森林生态系统和多种过渡的生态类型，是重要的野生物种栖息地，在我国国土生态安全和生物多样性保护中具有重要的地位和作用。

一、湿地资源面积

据内蒙古大兴安岭林区湿地资源调查数据显示：该区域包括河流湿地、湖泊湿地、沼泽湿地和人工湿地4大类湿地类，永久性河流、永久性淡水湖、藓类沼泽、草本沼泽、灌丛沼泽、森林沼泽、沼泽化草甸、地热湿地和库塘9个湿地型。湿地总面积120.35万公顷。其中，河流湿地3.58万公顷，湖泊湿地0.22万公顷，沼泽湿地116.55万公顷，人工湿地85.49公顷（表5-1）。

河流湿地占湿地总面积的2.97%，主要集中在大杨树、毕拉河、乌玛和额尔古纳。湖泊湿地占湿地总面积的0.18%，主要集中在额尔古纳河水系的阿尔山林业局及嫩江水系的毕拉河、大杨树、北大河林业局，其中，阿尔山林业局湖泊湿地面积为1046.87公顷，占比47.43%；其次为大杨树林业局，面积516.67公顷，占比23.41%；毕拉河湖泊湿地面积为440.03公顷，占19.93%。沼泽湿地占总湿地面积的96.84%，其中，森林沼泽湿地面积为47.54万公顷，占比40.79%；主要集中在大杨树、乌尔旗汗、库都尔、根河和毕拉河等等林业局。人工湿地占总面积的0.01%，集中在大杨树林业局。

表 5-1　各林业局（自然保护区、经营所）不同湿地类型面积统计

林业局（自然保护区、经营所）	总面积（公顷）	河流湿地（公顷）		湖泊湿地（公顷）		沼泽湿地（公顷）								人工湿地（公顷）
		合计	永久性河流	合计	永久性淡水湖	合计	藓类沼泽	草本沼泽	灌丛沼泽	森林沼泽	沼泽化草甸	地热湿地	库塘
大杨树	122410.73	5183.61	5183.61	516.67	516.67	116624.96	—	86589.46	2155.82	27879.68	—	—	85.49
乌尔旗汗	115725.64	1727.55	1727.55	—	—	113998.09	—	63750.70	12819.50	27750.55	9677.34	—	—
库都尔	99218.00	848.92	848.92	—	—	98369.08	—	47092.41	27646.05	23630.62	—	—	—
根河	91350.82	2098.96	2098.96	—	—	89251.86	—	51948.59	18208.73	19094.54	—	—	—
毕拉河	67293.60	2482.58	2482.58	440.03	440.03	64370.99	—	62721.42	—	1649.57	—	—	—
图里河	66248.63	874.09	874.09	—	—	65374.54	—	13898.27	5497.51	33292.54	12686.22	—	—
金河	65338.40	1041.26	1041.26	—	—	64297.14	168.13	3308.61	15402.95	45417.45	—	—	—
阿龙山	57949.45	1598.06	1598.06	—	—	56351.39	—	4281.41	1761.62	50308.36	—	—	—
阿里河	52131.33	1750.88	1750.88	—	—	50380.45	—	36698.01	233.82	13448.62	—	—	—
北大河	50510.93	1216.81	1216.81	110.24	110.24	49183.88	—	48888.27	—	295.61	—	—	—
满归	47905.44	1715.14	1715.14	73.47	73.47	46116.83	—	4930.51	577.36	40608.96	—	—	—
得耳布尔	44669.49	485.40	485.40	—	—	44184.09	—	7785.02	1319.13	35079.94	—	—	—
甘河	38166.17	1246.18	1246.18	—	—	36919.99	—	4954.14	178.34	31787.51	—	—	—
阿尔山	37797.57	581.49	581.49	1046.87	1046.87	36169.21	—	32193.42	693.02	935.70	—	2347.07	—
汗马	35442.48	272.69	272.69	8.92	8.92	35160.87	184.02	1356.71	3060.65	30559.49	—	—	—
吉文	35036.89	1398.79	1398.79	—	—	33638.1	—	18937.18	—	14700.92	—	—	—
莫尔道嘎	29243.06	1226.69	1226.69	—	—	28016.37	—	6068.41	1108.91	20839.05	—	—	—

（续）

林业局（自然保护区、经营所）	总面积（公顷）	河流湿地（公顷）		湖泊湿地（公顷）		沼泽湿地（公顷）								人工湿地（公顷）
		合计	永久性河流	合计	永久性淡水湖	合计	藓类沼泽	草本沼泽	灌丛沼泽	森林沼泽	沼泽化草甸	地热湿地	库塘
绰源	24470.71	539.44	539.44	—	—	23931.27	—	21119.21	805.84	2006.22	—	—	
绰尔	24445.13	759.78	759.78	—	—	23685.35	—	20695.34	2282.28	707.73	—	—	—
伊图里河	24013.23	372.71	372.71	—	—	23640.52	—	2884.81	3474.35	17259.64	21.72	—	—
克一河	22961.54	667.38	667.38	—	—	22294.16	—	10069.18	3066.69	9158.29	—	—	—
诺敏经营所	15653.37	557.78	557.78	—	—	15095.59	—	11377.38	73.01	3645.20	—	—	—
奇乾	13013.10	1188.40	1188.40	—	—	11824.97	—	1053.98	172.69	10598.30	—	—	—
乌玛	9737.68	2346.21	2346.21	—	—	7391.47	—	32.04	455.82	6903.61	—	—	—
额尔古纳	7971.83	2333.85	2333.85	11.22	11.22	5626.76	—	1323.73	—	4303.03	—	—	—
永安山	4800.81	1247.67	1247.67	—	—	3553.14	—	—	—	3553.14	—	—	—
合计	1203506.03	35762.32	35762.32	2207.42	2207.42	1165450.81	352.15	563958.21	100994.1	475414	22385.28	2347.07	85.49

二、湿地动植物资源

大兴安岭湿地是位于内蒙古高原陆生生态系统和水生生态系统之间的过渡性地带，在土壤浸泡于水中的特定环境下，生长着很多湿地特征植物。广泛分布于内蒙古大兴安岭地区的湿地生态系统拥有众多野生动植物资源，具有强大的净化生态环境的作用。据《内蒙古大兴安岭林区湿地调查报告》，林区湿地植物有 105 科 244 属 652 种；其中，地衣植物 3 科 3 属 5 种；苔藓植物 33 科 52 属 130 种；蕨类植物 4 科 4 属 12 种；种子植物 65 科 187 属 505 种。植物科数、属数和种数分别占全国湿地植物总科数（225 科）、属（815 属）、种（2276 种）的 46.67%、29.94% 和 28.65%。林区湿地保护植物有 4 种国家 II 级保护植物钻天柳、乌苏里狐尾藻、野大豆和浮叶慈姑。林区湿地植被分布规律由高海拔到低海拔依次为：泥炭藓—偃松—兴安落叶松林、泥炭藓—杜香—兴安落叶松林、扇叶桦灌丛—柴桦—兴安落叶松林、柴桦灌丛、水冬瓜赤杨林—甜杨、钻天柳林、小叶章草甸、沼泽化草甸、膨囊薹草、灰脉苔草、乌拉草沼泽—香蒲群落、漂筏薹草—驴蹄草群落、睡莲群落、浮萍群落、狐尾藻群落、金鱼藻群落。

林区已知湿地动物 22 目 33 科 146 种。其中，鱼类 7 目 12 科 42 种；两栖类 2 目 4 科 7 种；爬行类 2 目 2 科 3 种；鸟类 9 目 13 科 89 种；兽类 2 目 2 科 5 种。国家 I 级保护动物有：白鹳、黑鹳、白头鹤、丹顶鹤、白鹤、中华秋沙鸭、白额雁、貂熊、紫貂等 11 种；国家级保护动物有：大天鹅、小天鹅、灰鹤、白枕鹤、鸳鸯、马鹿、雪兔等 16 种。

三、湿地旅游资源

湿地是陆地与水体的过渡地带，兼具丰富的陆生和水生动植物资源，形成了独特的天然基因库和的生物环境，对于保护物种、维持生物多样性具有难以替代的生态价值，同时它也形成了独特的景观，推进了当地旅游资源的发展。

汗马国家级自然保护区地处大兴安岭西北坡原始森林腹地，是中国保存最为完整的寒温带原始针叶林地之一，保护区内保存有完整的湿地生态系统。2015 年，汗马保护区及其毗邻区被正式指定为世界生物圈保护区；2017 年，该自然保护区正式列入《国际重要湿地名录》。2019 年 7 月 26 日，汗马国家级保护区同吉林长白山国家级自然保护区、俄罗斯卡通斯基保护区、俄罗斯库兹涅茨克保护区签订《合作谅解备忘录》，就共同保护生物多样性和可持续发展方面的科学技术等方面建立合作；同时汗马国家级自然保护区也是全球变化最为敏感的区域，应对全球变化背景下生物多样性监测与保护，汗马国家级自然保护区将逐渐成为全球生态系统的"样板图"。

根河源国家湿地公园森林与湿地交错分布，是众多东亚水禽的繁殖地，是目前我国保持原生状态最完好、最典型的寒温带湿地生态系统。公园的主体——根河，是额尔古纳河最大支流之一，担负着额尔古纳河水量供给和水生态安全的重任，维系着呼伦贝尔大草原的生态安全。根河源国家湿地公园被专家誉为"中国冷极湿地天然博物馆"和"中国环境教育的珠穆朗玛峰"。

内蒙古额尔古纳国家湿地公园是目前保持原状最完好、面积较大的湿地，也被誉为"亚洲第一湿地"。该湿地公园生存繁衍的野生动植物极为丰富，每年在这里迁徙停留、繁殖栖息的鸟类达到 2000 万只，是世界上最重要的丹顶鹤繁殖地之一，也是世界濒危物种鸿雁的重要栖息地之一。其中，最具代表性的景观就是形如一片叶子的湖心岛。

内蒙古图里河国家湿地公园建有刘少奇纪念林。2017 年 12 月 10 日被中国林产联森林医学与健康促进会授予"第三批全国森林康养基地试点建设单位"。湿地公园内设有大型观景台，长廊弯曲，环绕水面，台前河水平如镜面，清澈透明，水中环岛树高林密，植被繁茂，与水面相映，宛如仙境。

内蒙古牛耳河国家湿地公园位于金河林业局牛耳河林场生态功能区内，湿地资源丰富，分为河流湿地和沼泽湿地两个湿地类型。牛耳河国家湿地公园与上游汗马国家级自然保护区共同构成结构完整的牛耳河湿地保护系统，为维持区域生态平衡，保持大兴安岭地区湿地生态系统完整性发挥重要作用。

第二节　湿地生态系统服务功能评估指标体系构建及评估过程

湿地生态系统是地球上水陆相互作用形成的独特的生态系统，兼有水陆生态系统的属性。湿地也是生态系统碳循环的重要环节，湿地储存的碳占陆地土壤碳库的 18%～30%（Smith et al.，2014），是全球最大的碳库之一。

一、湿地生态系统服务功能评估指标体系构建

在满足代表性、全面性、简明性、可操作性以及实用性等原则的基础上，通过总结近年的工作及研究经验，结合国内外相关研究和内蒙古森工湿地资源概况，本研究构建了一套可描述、可测度、可计量的湿地生态系统服务功能评估指标体系，选取的指标主要包括涵养水源、降解污染、固碳释氧、固土保肥、营养物质积累、改善小气候、提供生物栖息地和科研文化游憩这 8 项功能类别 11 个指标类别（图 5-1）。

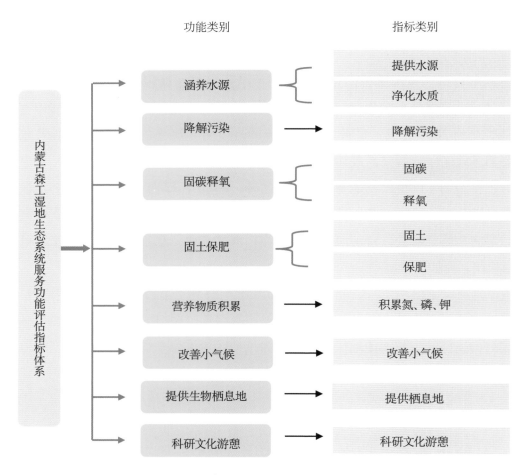

图 5-1　湿地生态系统服务功能评估指标体系

二、数据来源

内蒙古森工湿地生态系统服务功能评估数据来源包括：①湿地资源数据：由内蒙古大兴安岭重点国有林管理局提供的各林业局（自然保护区、经营所）不同湿地类型的面积；②社会公共数据：来源于我国权威机构所公布的社会公共数据，包括《中国水利年鉴》、《中华人民共和国水利部水利建筑工程预算定额》、中国农业信息网（http://www.agri.gov.cn/）、中华人民共和国卫生健康委员会网站（http://www.nhfpc.gov.cn/）、中华人民共和国国家发展和改革委第四部委 2003 年第 31 号令《排污费征收标准及计算方法》、《中华人民共和国环境保护税法》中《环境保护税税目税额表》、内蒙古自治区物价局网站（http://www.nmgfgw.gov.cn）等。

三、湿地生态系统服务功能评估方法

前人研究的基础上，分别采用市场价值法、影子工程法、费用替代法、碳税法、权重当量法、污染防治成本法、生态价值法等对其湿地生态系统涵养水源、降解污染、固碳释氧、固土保肥、营养物质积累、改善小气候和提供生物栖息地以及科研文化游憩等进行评估。通过将湿地生态系统的产品和生命支持功能转化为人们具有明显感知力的货币值，对于提升湿地生态系统服务功能的认知度和保护湿地的意识及湿地生态效益补偿具有重要的支撑作用。

四、核算公式与模型包

（一）涵养水源功能

湿地生态系统具有强大的蓄水功能和补水功能，即在洪水期可以蓄积大量的洪水，以缓解洪峰造成的损失，同时储备大量的水资源在干旱季节提供生产、生活用水。另外，湿地生态系统还具有净化水质的作用。由此，本书将从提供水源和净化水质两个方面对内蒙古森工湿地涵养水源功能进行评估。单位污水的处理费按全国二级污水处理厂处理费用标准计算，约为 0.5 元 / 立方米。

其计算公式：

$$U_涵 = C_水 \cdot P + R_水 \cdot K \tag{5-1}$$

式中：$U_涵$——湿地生态系统涵养水源的价值（元 / 年）；

$C_水$——湿地生态系统水资源总量（立方米）；

P——生活用水价格（元 / 立方米）；

$R_水$——多年平均地表径流量（立方米）；

K——水净化费用（元 / 立方米）。

（二）降解污染功能

湿地被誉为"地球之肾"，具有降解和去除环境污染的作用，尤其是对氮、磷等营养元素以及重金属元素的吸收、转化和滞留具有较高的效率，能有效降低其在水体中的浓度；湿地还可通过减缓水流，促进颗粒物沉降，从而将其上附着的污染物质从水体去除。如果进入湿地的污染物没有使水体整体功能退化，即可以认为湿地起到净化的功能。根据 Costanza 等（1997）对全球湿地降解污染的研究成果，湿地降解污染的平均价值是 4177 美元 /（公顷·年）进行计算。

计算公式：

$$U_降 = C_降 \cdot A \cdot R \tag{5-2}$$

式中：$U_降$——湿地生态系统降解污染物的价值（元 / 年）；

$C_降$——单位面积湿地降解污染的价值 [美元 /（公顷·年）]；

A——湿地面积（公顷）；

R——美元与人民币之间的汇率。

（三）固碳释氧功能

湿地对大气环境既有正面影响，也有负面影响。本书采用张华（2008）在湿地生态系统中固碳释氧的研究方法：湿地对于大气调节的正效应主要是指通过大面积挺水植物芦苇以及其他水生植物的光合作用固定大气中的 CO_2，向大气中释放 O_2。根据光合作用方程式，生态系统每年生产 1.0 千克植物干物质，即固定 1.63 千克 CO_2，可以释放 1.19 千克 O_2。湿地内主要植被类型为水生或湿生植物，且分布广泛，主要有芦苇等挺水植物和金鱼藻、黑藻、竹叶眼子菜等沉水植物。这些均为一年生植物，生长期结束后，会沉入水底，进而转化为泥炭。

其计算公式：

$$U_{固}=2 \cdot [1.63 \cdot R_{碳}(L+Q) \cdot C_{碳}+1.19 \cdot (L+Q) \cdot C_{氧}] \tag{5-3}$$

式中：$U_{固}$——湿地生态系统固碳释氧的价值（元／年）；

　　　L——芦苇产量（吨／年）；

　　　Q——其他水生植物产量（吨／年）；

　　　$R_{碳}$——CO_2 中碳的含量；

　　　$C_{碳}$——固碳价格，约为 1200 元／吨；

　　　$C_{氧}$——氧气价格，约为 1000 元／吨；

　　　2——本书认为上一年度的水生植物全部沉入水底形成泥炭，且上一年度与评估年度的水生植物量相等。

（四）固土保肥功能

由于植被的存在，不同类型的土壤与无植被情况下相比，其土壤侵蚀存在较大的区别。根据中国土壤侵蚀的研究成果，无植被的土壤中等程度的侵蚀深度为 15～35 毫米／年。对湿地减少土壤侵蚀的总量估算，采用草地中等侵蚀深度的平均值来代替。湿地减少土壤养分流失的养分是指易溶解在水中或容易在外力作用下与土壤分离的 N、P、K 等养分，本书采用的为湿地固定土壤中所含有的 N、P、K 等养分的量，再折算成化肥价格的方法来计算。

计算公式：

$$U_{土}=0.025A \cdot C \cdot V_{土}+0.025A \cdot C \cdot (N_{含}+P_{含}+K_{含}) \cdot V_{肥} \tag{5-4}$$

式中：$U_{土}$——湿地生态系统固土保肥的价值（元／年）；

　　　$N_{含}$——湿地生态系统土壤平均 N 含量（%）；

　　　$P_{含}$——湿地生态系统土壤平均 P 含量（%）；

　　　$K_{含}$——湿地生态系统土壤平均 K 含量（%）；

C——湿地生态系统土壤平均容重（克／立方厘米）；

$V_土$——挖取和运输单位体积土方所需费用（元／立方米）；

$V_肥$——化肥平均价格（折纯）（元／吨）；

A——湿地面积（公顷）；

0.025——土壤平均侵蚀深度（米）。

（五）营养物质积累功能

湿地生态系统的养分主要储存在土壤中，可以说土壤是其最大的养分库。地质大循环中，生态系统中的养分不断向下淋溶损失，而生物小循环则从地质循环中保存累计一系列的生物所必须的营养元素，随着生物的生长繁殖和生物量的不断积累，土壤母质中大量营养元素被释放出来，成为有效成分，供生物生长需要。因此，生物是形成土壤和土壤肥力的主导因素。当植物的一个生命周期完成时，大量的养分在植物体变黄、凋落之前被转移到植物体的其他部位，还有一些则通过枯枝落叶等凋落物而返回土壤中。本书主要是参考崔丽娟（2004）《关于湿地营养循环研究》，湿地 N、P、K 年固定量分别为 128.78 千克／公顷、0.88 千克／公顷、86.33 千克／公顷。

计算公式：

$$U_{积累}=A \cdot (N_含+P_含+K_含) \cdot V_肥/1000 \tag{5-5}$$

式中：$U_{积累}$——湿地生态系统营养物质积累价值（元／年）；

$N_含$——湿地生态系统土壤平均 N 含量（%）；

$P_含$——湿地生态系统土壤平均 P 含量（%）；

$K_含$——湿地生态系统土壤平均 K 含量（%）；

$V_肥$——化肥平均价格（折纯）（元／吨）；

A——湿地面积（公顷）。

（六）改善小气候

湿地可以影响小气候。湿地水分通过蒸发成为水蒸气，然后又以降水的形式降到周围地区，保持当地的湿度和降水量，影响当地人民的生活和工农业生产。采用替代花费法评估，把湿地调节温度的价值作为湿地调节气候的价值，根据测定，1 公顷湿地植被在夏季可以从环境中吸收 81.8 兆焦耳的热量，相当于 189 台 1 千瓦的空调全天工作的制冷效果。

计算公式：

$$U_{改善}=189 \times 24A \cdot P_电 \tag{5-6}$$

式中：$U_{改善}$——湿地生态系统改善小气候价值（元／年）；

$P_{电}$——用电的价格（元）；

A ——湿地面积（公顷）。

（七）提供生物栖息地的功能

湿地是复合生态系统，大面积的芦苇沼泽、滩涂和河流、湖泊为野生动、植物的生存提供了良好的栖息地。湿地景观的高度异质性为众多野生动植物栖息、繁衍提供了基础，因而在保护生物多样性方面有极其重要的价值。生物栖息地功能的估算，采用美国经济生态学家 Costanza（1997）研究得到的单位面积湿地栖息地功能价值为 3191 美元／（公顷·年）。

计算公式：

$$U_{生}=S_{生} \cdot A \cdot R \tag{5-7}$$

式中：$U_{生}$——湿地生态系统生物栖息地价值（元／年）；

$S_{生}$——单位面积湿地的避难所价值 [美元／（公顷·年）]；

R——美元与人民币之间的汇率；

A——湿地面积（公顷）。

（八）科研文化游憩

湿地是生态学、生物学、地理学、水文学、气候学以及湿地研究和鸟类研究的自然本底和基地，为诸多基础科研提供了理想的科学实验场所。同时，湿地自然景色优美，而且是大量鸟类和水生动植物的栖息繁殖地，因此还会吸引大量的游客前去观光旅游。参照 Costanza（1997）等对全球湿地研究成果，全球湿地科研文化游憩价值为 881 美元／（公顷·年）。

计算公式：

$$U_{游憩}=P_{游憩} \cdot A \cdot R \tag{5-8}$$

式中：$U_{游憩}$——湿地生态系统科研文化游憩价值（元／年）；

$P_{游憩}$——单位面积湿地科研文化游憩价值 [美元／（公顷·年）]；

R——美元与人民币之间的汇率；

A——湿地面积（公顷）。

第三节　湿地生态系统服务功能评估结果

内蒙古大兴安岭林区湿地植被类型丰富，河流溪流遍布，孕育了大量的森林沼泽，特别是森林生态系统和湿地生态系统相互依存、相互作用。对保持内蒙古大兴安岭林区生态系统的整体功能、构建祖国北方生态屏障发挥着巨大作用。因此，为了使人们充分认识湿地生态系统的重要性，本核算对该区域不同湿地类型的各项生态系统服务功能进行了评估。但是考虑到森林与湿地部分生态系统服务功能的重复计算，所以本节不包括沼泽湿地中森林沼泽类型所产生的生态系统服务功能。

一、内蒙古森工湿地生态系统服务功能评估结果

根据公式核算出内蒙古森工湿地生态系统服务功能总价值量为860.92亿元/年，见表5-2。

表5-2　内蒙古森工湿地生态效益价值量

服务功能	涵养水源	降解污染	固碳释氧	固土保肥	营养物质积累	改善小气候	科研文化游憩	提供生物栖息地	合计
价值量（亿元）	302.62	205.00	56.16	67.64	5.53	24.11	43.25	156.61	860.92
比例（%）	35.15	23.81	6.52	7.86	0.64	2.80	5.03	18.19	100

由表5-2和图5-2可以看出：在8项功能类别的贡献中，从大到小的顺序为：涵养水源＞降解污染＞提供生物栖息地＞固土保肥＞固碳释氧＞科研文化游憩＞改善小气候＞营养物质积累。

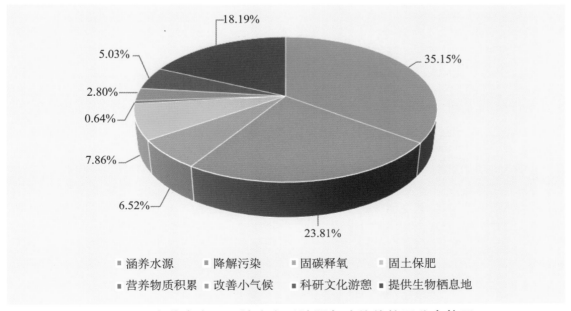

图5-2　内蒙古森工湿地生态系统服务功能价值量分布格局

由图表分析可知涵养水源功能所占比最大，为 35.15%，表明湿地生态系统对于维持内蒙古大兴安岭地区用水安全起到非常重要的作用；其次为降解污染功能和提供生物栖息地，分别占比 23.81% 和 18.19%，说明湿地生态系统起到了天然"污水处理厂"，以及为滩涂和水域动物提供繁衍、栖息和迁徙场所的作用。

二、不同湿地类型生态系统服务功能价值量评估

由表 5-3 可知，内蒙古森工沼泽湿地、河流湿地、湖泊湿地和人工湿地生态系统各项服务功能价值量分别为 815.92 亿元 / 年、42.29 亿元 / 年、2.61 亿元 / 年和 0.1 亿元 / 年，各占总价值量的 94.77%、4.91%、0.31% 和 0.01%。内蒙古大兴安岭林区湿地生态系统以沼泽湿地为主，其中以大杨树、乌尔旗汗、库都尔和根河湿地生态系统功能价值最大，总计 390.61 亿元，占总价值的 45.73%；其次为毕拉河、北大河、阿里河、阿尔山、图里河、绰尔和绰源，总计 319.9 亿元，占总价值的 37.16%；乌玛、奇乾和永安山最小，为 7.69 亿元，占比为 0.89%。

表 5-3　内蒙古森工各林业局（自然保护区、经营所）不同湿地类型生态系统服务功能价值量

林业局（自然保护区、经营所）	河流湿地	湖泊湿地	沼泽湿地	人工湿地	总计
	（亿元/ 年）	（亿元/ 年）	（亿元/ 年）	（亿元/ 年）	（亿元/ 年）
大杨树	6.13	0.61	104.94	0.10	111.78
乌尔旗汗	2.04	—	101.98	—	104.02
库都尔	1.00	—	88.38	—	89.38
根河	2.48	—	82.95	—	85.43
毕拉河	2.94	0.52	74.15	—	77.61
图里河	1.03	—	37.94	—	38.97
金河	1.23	—	22.32	—	23.55
阿龙山	1.89	—	7.15	—	9.04
阿里河	2.07	—	43.67	—	45.74
北大河	1.44	0.13	57.8	—	59.37
满归	2.03	0.09	6.51	—	8.63
得耳布尔	0.57	—	10.77	—	11.34
甘河	1.47	—	6.07	—	7.54
阿尔山	0.69	1.24	41.65	—	43.58

（续）

林业局（自然保护区、经营所）	河流湿地	湖泊湿地	沼泽湿地	人工湿地	总计
	（亿元/年）	（亿元/年）	（亿元/年）	（亿元/年）	（亿元/年）
汗马	0.32	0.01	5.44	—	5.77
吉文	1.65	—	22.40		24.05
莫尔道嘎	1.45	—	8.49		9.94
绰源	0.64		25.92		26.56
绰尔	0.90		27.17		28.07
伊图里河	0.44		7.55		7.99
克一河	0.79		15.53		16.32
诺敏经营所	0.66		13.54		14.20
奇乾	1.41		1.45		2.86
乌玛	2.77		0.58		3.35
额尔古纳	2.77	0.01	1.57		4.35
永安山	1.48	—	0.00		1.48
合计	42.29	2.61	815.92	0.10	860.92

三、各林业局（自然保护区、经营所）湿地生态系统服务功能价值量评估

本小节对各林业局（自然保护区、经营所）湿地生态系统服务功能进行核算，研究结果可为内蒙古大兴安岭林区湿地资源的可持续利用与保护提供科学依据。

1. 绿色水库

湿地生态系统具有强大的蓄水功能和补水功能，即在洪水期可以蓄积大量的洪水，以缓解洪峰造成的损失，同时储备大量的水资源在干旱季节提供生产、生活用水，且具有净化水质的作用，体现了巨大的"绿色水库"价值。由图5-3可知，涵养水源功能价值量大于30亿元/年的林业局为大杨树、乌尔旗汗、库都尔和根河，合计137.31亿元/年，占该项价值量的45.37%；介于10亿~30亿元/年的是毕拉河、北大河、阿里河、阿尔山和图里河，合计93.25亿元/年，占该项价值量的30.81%；其余价值量均小于10亿元/年。

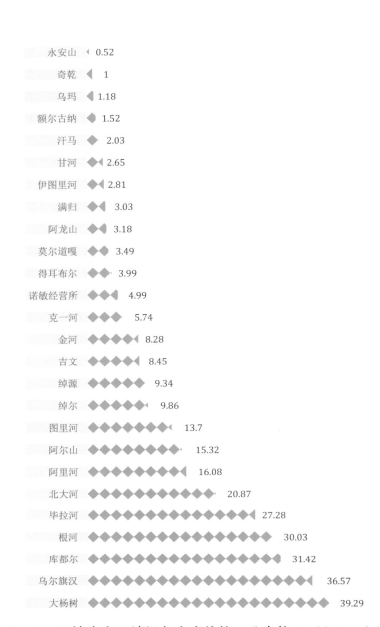

图 5-3　湿地生态系统绿色水库价值量分布格局（亿元／年）

2. 净化环境氧吧库

湿地生态系统不仅能够对环境起到降解污染的作用，同时还具有改善湿地生态系统小气候的作用。

（1）降解污染。湿地不仅能够高效率的吸收、转化和滞留对 N、P、K 以及重金属等污染物，从而降低其在水中的浓度。而且还能有效地减缓水流速度，对颗粒物的沉降起到积极的作用。湿地在降解污染和净化水质上的强大功能使其被誉为"地球之肾"。由图 5-4 可知，降解污染功能价值量大于 20 亿元／年的林业局为大杨树、乌尔旗汗、库都尔和根河，合计 93.01 亿元／年，占该项价值量的 43.91%；介于 10 亿～20 亿元／年的林业局是毕拉河、北大河、阿里河和阿尔山，合计 53.89 亿元／年，占该项价值量的 26.29%；其余价值量均小于 10 亿元／年。

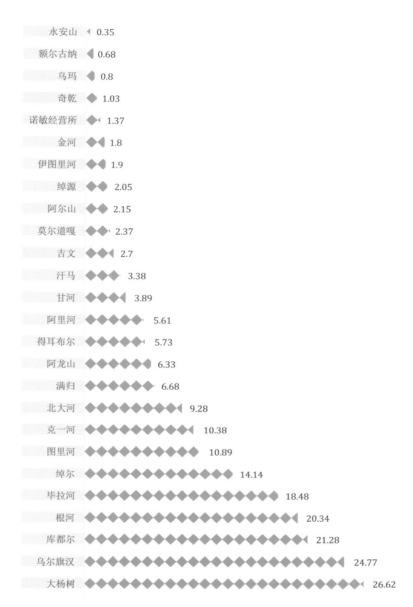

永安山	0.35
额尔古纳	0.68
乌玛	0.8
奇乾	1.03
诺敏经营所	1.37
金河	1.8
伊图里河	1.9
绰源	2.05
阿尔山	2.15
莫尔道嘎	2.37
吉文	2.7
汗马	3.38
甘河	3.89
阿里河	5.61
得耳布尔	5.73
阿龙山	6.33
满归	6.68
北大河	9.28
克一河	10.38
图里河	10.89
绰尔	14.14
毕拉河	18.48
根河	20.34
库都尔	21.28
乌尔旗汉	24.77
大杨树	26.62

图 5-4　湿地生态系统降解污染价值量分布格局（亿元 / 年）

（2）改善小气候。湿地的水分蒸发和植被叶面的水分蒸腾，使得湿地生态系统和大气环境之间不断地进行着物质和能量交换，进而达到调节空气温湿度的作用。有沼泽湿地的区域产生的晨雾可减少土壤水分的丧失，在增加局部地区空气湿度、削弱风速、缩小昼夜温差、降低大气含尘量等气候调节方面都具有明显的作用。由图 5-5 可知，改善小气候功能产生的价值量排列前五的是大杨树、乌尔旗汗、库都尔、根河和毕拉河，合计 13.1 亿元，占该项价值的 54.33%；介于 1 亿~2 亿元 / 年的有绰尔、图里河、克一河和北大河林业局，合计 5.25 亿元，占该项价值的 21.78%；小于 1 亿元 / 年的合计 5.76 亿元，占比为 23.89%。

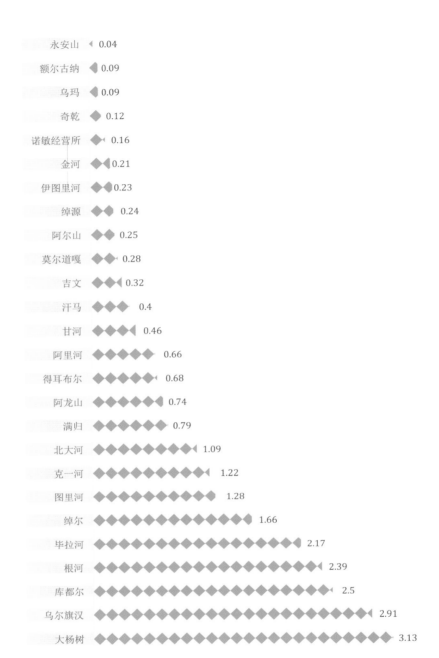

永安山　◀ 0.04
额尔古纳　◀ 0.09
乌玛　◀ 0.09
奇乾　◆ 0.12
诺敏经营所　◆◀ 0.16
金河　◆◀ 0.21
伊图里河　◆◀ 0.23
绰源　◆◆ 0.24
阿尔山　◆◆ 0.25
莫尔道嘎　◆◆◀ 0.28
吉文　◆◆◀ 0.32
汗马　◆◆◆ 0.4
甘河　◆◆◆ 0.46
阿里河　◆◆◆◆ 0.66
得耳布尔　◆◆◆◆◀ 0.68
阿龙山　◆◆◆◆◆ 0.74
满归　◆◆◆◆◆ 0.79
北大河　◆◆◆◆◆◆◀ 1.09
克一河　◆◆◆◆◆◆◆ 1.22
图里河　◆◆◆◆◆◆◆ 1.28
绰尔　◆◆◆◆◆◆◆◆◆ 1.66
毕拉河　◆◆◆◆◆◆◆◆◆◆◆ 2.17
根河　◆◆◆◆◆◆◆◆◆◆◆◆◀ 2.39
库都尔　◆◆◆◆◆◆◆◆◆◆◆◆◀ 2.5
乌尔旗汉　◆◆◆◆◆◆◆◆◆◆◆◆◆◆◀ 2.91
大杨树　◆◆◆◆◆◆◆◆◆◆◆◆◆◆◀ 3.13

图 5-5　湿地生态系统改善小气候价值量分布格局（亿元／年）

　　综合分析可知，内蒙古森工湿地生态系统"净化环境氧吧库"价值量最高的是乌尔旗汗、库都尔、根河和毕拉河，合计 94.84 亿元／年，占该项价值的 41.39%，其次为北大河、阿里河、阿尔山、图里河、绰尔、绰源、吉文、金河和克一河，合计 81.51 亿元，占该项价值的 35.58%；小于 4 亿元的合计 23.01 亿元，占比 26.03%（图 5-6）。

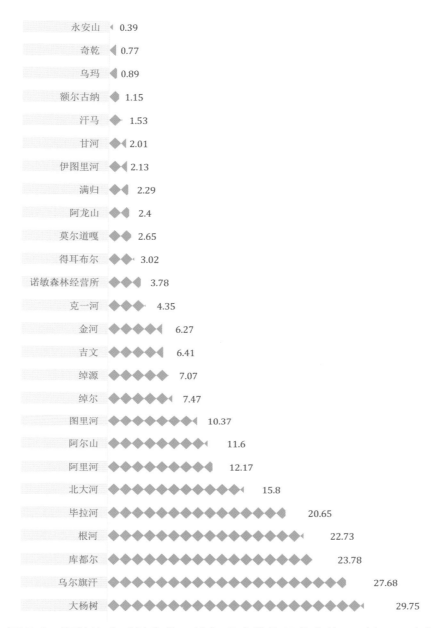

图 5-6　湿地生态系统净化环境氧吧库价值量分布格局（亿元/年）

3. 绿色碳库

"湿地生态系统固碳释氧功能可称之为绿色碳库"它不仅可以通水生植物的光合作用固定大气中的二氧化碳，同时释放出大量的氧气。固碳释氧功能价值量大于 5 亿元/年的林业局为大杨树、乌尔旗汗、库都尔、根河和毕拉河，合计 30.54 亿元/年，占该项价值量的 54.38%；介于 1 亿～5 亿元/年的有绰尔、图里河、克一河等 9 个林业局，合计 19.97 亿元/年，占该项价值量的 35.56%；剩余各单位价值量均小于 1 亿元/年，占该项价值量 10.06%（图 5-7）。

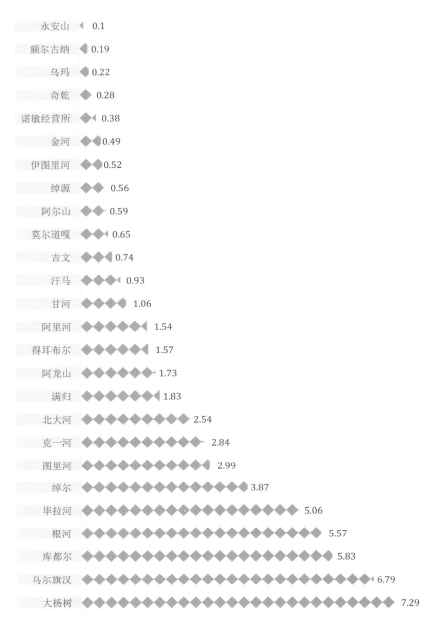

图 5-7 湿地生态系统绿色碳库价值量分布格局（亿元 / 年）

4. 固土保肥

丰富的湿地资源，大量的枯枝落叶和腐殖质，不仅能够降低地表径流，减少水土流失，同时还可以大大增加土壤的肥力。同时湿地生态系统在减少土壤流失和保肥时产生较大的生态价值。由图 5-8 可知，固土保肥功能价值量大于 4 亿元 / 年的林业局为大杨树、乌尔旗汗、库都尔等 6 个林业局，合计 41.46 亿元 / 年，占该项价值量的 61.30%；介于 1 亿～4 亿元 / 年的有图里河、克一河、北大河等 9 个林业局，合计 20.51 亿元 / 年，占该项价值量的 30.32%；剩余各单位总价值量均小于 1 亿元 / 年，占该项价值量的 8.38%。

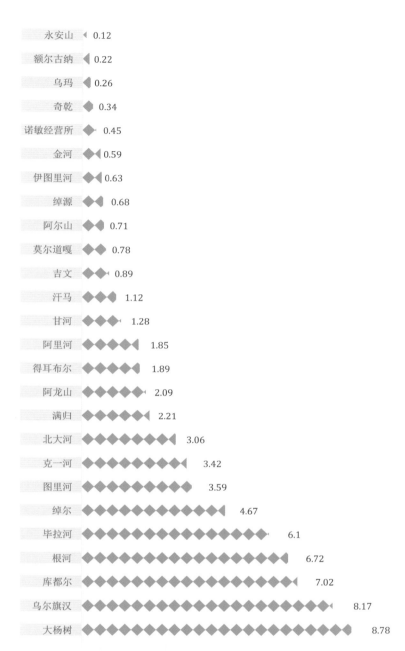

图 5-8　湿地生态系统固土保肥价值量分布格局（亿元／年）

5. 营养物质积累

由图 5-9 可知，营养物质积累功能产生的价值量均小于 1 亿元／年。其中排列前五的是大杨树、乌尔旗汉、库都尔、根河和毕拉河，合计 3.02 亿元，占该项价值的 54.61%；介于 0.1 亿～0.49 亿元／年的有绰尔、图里河、克一河等 9 个林业局，合计 1.95 亿元，占该项价值量的 21.52%。

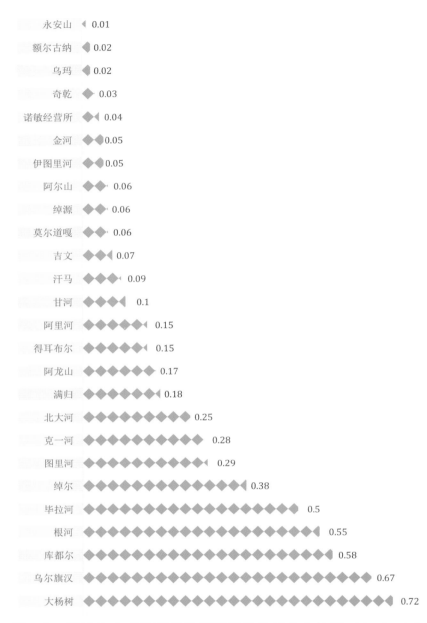

图 5-9　湿地生态系统营养物质积累价值量分布格局（亿元／年）

6. 生物多样性基因库

湿地是介于陆地和水体之间的复合生态系统，大面积的芦苇沼泽、滩涂和河流、湖泊为野生动、植物提供了良好的生存、繁殖、迁徙和栖息地，因而在生物多样性保护方面有极为重要的价值。由图 5-10 可知，生物多样性栖息地产生的价值量大于 10 亿元／年的有大杨树、乌尔旗汗、库都尔、根河、毕拉河和绰尔林业局，合计 95.97 亿元，占该项价值量的 61.16%；介于 4 亿～10 亿元／年的有图里河、克一河等 7 个林业局，合计 41.93 亿元，占该项价值量的 26.77%。

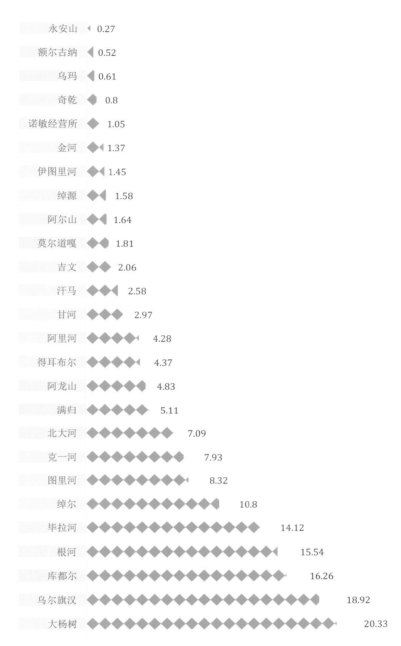

图 5-10　湿地生态系统生物多样性基因库价值量分布格局（亿元 / 年）

7. 科研文化游憩

湿地生态系统丰富的水生动植物及其遗传基因，为教育和科学研究提供了宝贵的实验基地。湿地自然保护区、湿地公园等都是宣传湿地知识，开展湿地科普教育的重要地点，乌尔其汉林业局兴安里湿地保护区就是人们认识湿地、体验湿地的重要场所。图 5-11 可以看出，提供科研文化所产生的价值量较高的为大杨树、乌尔旗汗、库都尔和根河林业局，合计 19.62 亿元，占该项价值的 45.37%。其此为毕拉河、绰尔、图里河、克一河、北大河，满归、阿龙山、得耳布尔和阿里河林业局，合计 18.46 亿元 / 年，占该项价值的 46.69；小于 1 亿元的林业局占比为 7.94%。

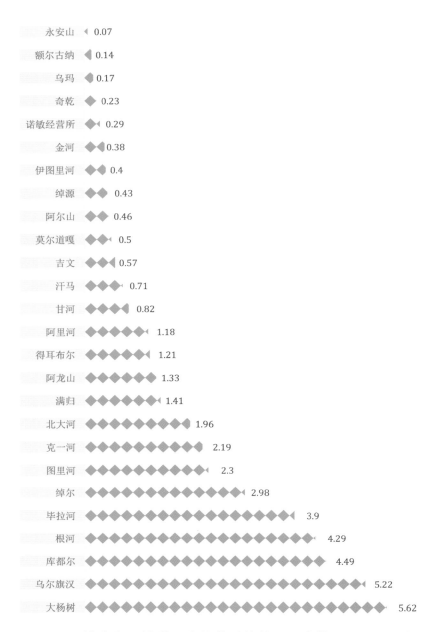

图 5-11　湿地生态系统科研文化游憩价值量分布格局（亿元／年）

8. 价值量分布格局

内蒙古森工湿地生态系统服务功能价值量见表 5-4。各项生态系统服务功能价值量均是大杨树、乌尔旗汉和库都尔 3 个林业局；最小的是乌玛、奇乾和永安山 3 个林业局。其中，大杨树＞乌尔旗汉＞库都尔，价值量分别为 111.78 亿元／年、104.02 亿元／年和 89.38 亿元／年，分别占总价值量的 12.98%、12.08% 和 10.38%；永安山、奇乾和乌玛，总价值量分别为 1.48 亿元／年、2.86 亿元／年和 3.35 亿元／年，仅占全局湿地总价值的 0.17%、0.33% 和 0.39%。

表 5-4　内蒙古森工各项湿地生态系统服务功能价值量

统计单位	涵养水源（亿元／年）	降解污染（亿元／年）	固碳释氧（亿元／年）	固土保肥（亿元／年）	营养物质积累（亿元／年）	改善小气候（亿元／年）	科研文化游憩（亿元／年）	生物栖息地（亿元／年）	合计（亿元／年）
大杨树	39.29	26.62	7.29	8.78	0.72	3.13	5.62	20.33	111.78
乌尔旗汉	36.57	24.77	6.79	8.17	0.67	2.91	5.22	18.92	104.02
库都尔	31.42	21.28	5.83	7.02	0.58	2.50	4.49	16.26	89.38
根河	30.03	20.34	5.57	6.72	0.55	2.39	4.29	15.54	85.43
毕拉河	27.28	18.48	5.06	6.10	0.50	2.17	3.90	14.12	77.61
图里河	13.70	9.28	2.54	3.06	0.25	1.09	1.96	7.09	38.97
金河	8.28	5.61	1.54	1.85	0.15	0.66	1.18	4.28	23.55
阿龙山	3.18	2.15	0.59	0.71	0.06	0.25	0.46	1.64	9.04
阿里河	16.08	10.89	2.99	3.59	0.29	1.28	2.30	8.32	45.74
北大河	20.87	14.14	3.87	4.67	0.38	1.66	2.98	10.80	59.37
满归	3.03	2.05	0.56	0.68	0.06	0.24	0.43	1.58	8.63
得耳布尔	3.99	2.70	0.74	0.89	0.07	0.32	0.57	2.06	11.34
甘河	2.65	1.80	0.49	0.59	0.05	0.21	0.38	1.37	7.54
阿尔山	15.32	10.38	2.84	3.42	0.28	1.22	2.19	7.93	43.58
汗马	2.03	1.37	0.38	0.45	0.04	0.16	0.29	1.05	5.77
吉文	8.45	5.73	1.57	1.89	0.15	0.68	1.21	4.37	24.05
莫尔道嘎	3.49	2.37	0.65	0.78	0.06	0.28	0.50	1.81	9.94
绰源	9.34	6.33	1.73	2.09	0.17	0.74	1.33	4.83	26.56
绰尔	9.86	6.68	1.83	2.21	0.18	0.79	1.41	5.11	28.07
伊图里河	2.81	1.90	0.52	0.63	0.05	0.23	0.40	1.45	7.99
克一河	5.74	3.89	1.06	1.28	0.10	0.46	0.82	2.97	16.32
诺敏经营所	4.99	3.38	0.93	1.12	0.09	0.40	0.71	2.58	14.20
奇乾	1.00	0.68	0.19	0.22	0.02	0.09	0.14	0.52	2.86
乌玛	1.18	0.80	0.22	0.26	0.02	0.09	0.17	0.61	3.35
额尔古纳	1.52	1.03	0.28	0.34	0.03	0.12	0.23	0.80	4.35
永安山	0.52	0.35	0.10	0.12	0.01	0.04	0.07	0.27	1.48
合计	302.62	205.00	56.16	67.64	5.53	24.11	43.25	156.61	860.92

由图 5-12 可以看出，如果将内蒙古森工湿地生态系统服务功能总价值分为 5 个量级，那么大于 59.38 亿元的有乌尔旗汉、库都尔、根河、毕拉河，总价值量为 356.44 亿元，占总价值量的 41.40%；介于 28.07 亿～59.38 亿元的有北大河、阿里河、阿尔山、图里河、绰尔，价值量为 215.73 亿元，占比为 25.06%；介于 16.32 亿～28.06 亿元的有绰源、吉文、金河、克一河，价值量为 90.48 亿元，占比为 10.51%；介于 5.78 亿～16.31 亿元的有诺敏经营所、得耳布尔、莫尔道嘎、阿龙山、满归、伊图里河、甘河，总价值量为 68.88 亿元，占比为 7.98%；小于等于 5.77 的林业局有汗马、额尔古纳、乌玛、奇乾和永安山，总价值量为 17.81 亿元，占比为 2.07%。

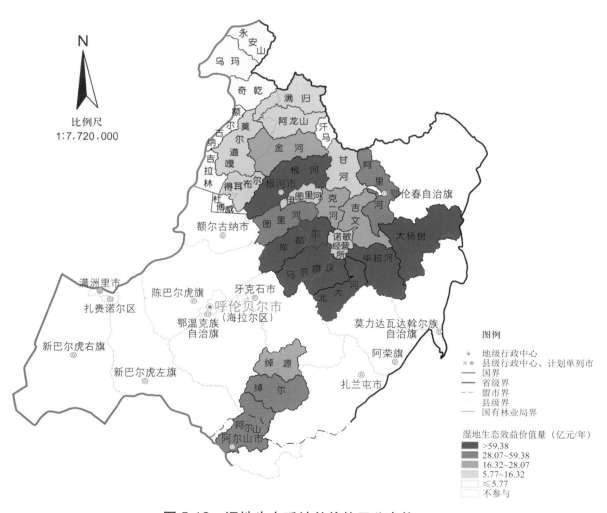

图 5-12　湿地生态系统总价值量分布格局

第六章

内蒙古森工森林与湿地生态系统
服务功能综合分析

生态环境与经济社会发展之间，是一种对立统一的关系。随着人类生活水平的提高以及环保意识的加强，人们在追求经济增长的同时，开始重视生态环境的保护和优化。如何协调经济社会增长与生态环境之间的关系成为当前亟待解决的问题。本章将从森林生态系统和湿地生态系统服务功能的角度出发，分析内蒙古森工社会、经济和生态环境可持续发展所面临的问题，进而为管理者提供决策依据。

第一节　生态系统服务功能评估结果特征分析

森林生态系统——能够有效遏制土地沙化与贫瘠化的趋势，增加森林涵养水源和净化大气环境、提高生物多样性、改善水土流失的能力。由于受区域自然地理分异性、工程措施和社会经济等因素的影响，内蒙古森工森林生态效益的空间格局比较显著。本书对空间格局及其特征的分析，是深入研究森林生态效益空间差异及其形成机制的基础，是制定森林生态效益补偿政策，实现生态效益精准提升的重要依据，也为森林生态系统的发展和决策提供依据和保障。

一、森林与湿地生态系统服务功能价值量格局分析

内蒙古森工森林和湿地生态系统服务功能总价值量为6159.74亿元/年，相当于内蒙古森工2017年财政收入55.58亿元的110.83倍（内蒙古自治区财政厅 http://czt.nmg.gov.cn/nmczt/)，各林业局（自然保护区、经营所）森林和湿地生态系统服务功能（不包括森林游憩和提供林产品价值）价值量如图6-1。根河、乌尔旗汉、大杨树和库都尔两类生态系统服务功能总和占比为25.30%，合计1558.72亿元/年；介于250亿~320亿元/年的有金河、莫尔道嘎、北大河、阿里河、毕拉河和阿尔山，合计1765.28亿元/年，占比为28.66%；介

于 200 亿～250 亿元的有绰尔、满归、图里河、阿龙山、乌玛、吉文和甘河，合计 1597.68 亿元 / 年，占比为 25.94%；剩余各林业局（自然保护区、经营所）合计 1228.59 亿元 / 年，占总价值量的 19.94%。天然林资源保护工程、湿地保护以及创新改革等措施的实施为维护当地"绿色碳库""绿色水库""生物多样性基因库""净化环境氧吧库"等方面起到非常重要的作用。

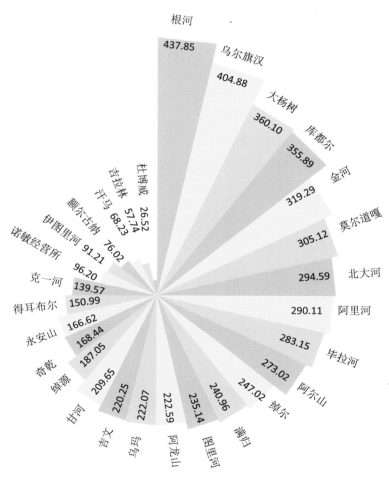

图 6-1　森林与湿地生态系统服务功能总价值分布格局（亿元 / 年）

由图 6-2 分析，各林业局（自然保护区、经营所）森林与湿地生态系统服务功能价值量与其资源的空间分布呈现一定的相关性。据印度霍克教授研（2003）究可知，一棵树生长 50 年，产生氧气的价值为 31200 美元，吸收有害气体、防治大气污染的价值为 62500 美元，涵养水源的价值为 37500 美元，可提供栖息繁衍场所的价值为 31250 美元，生产蛋白质的价值为 2500 美元；扣除花果和木材的价值，各项经济效益的总和达到 196000 美元。按照 2013 年呼伦贝尔农牧民人均纯收入为 9990 元计算，则一棵生长 50 年的树一年所创造的价值是 139 人的纯收入；2018 年内蒙古森工森林生态系统一年所创造的价值为 6189.83 万人的纯收入。由此看来，生态系统改善生态环境创造生态价值的同时，也影响着当地的社会经济收入。

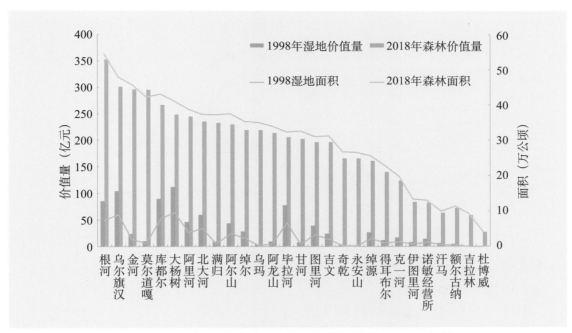

图 6-2　森林与湿地生态系统服务功能价值量及面积特征

事实上，内蒙古森工生态系统空间分布具有植被地带性特征。落叶松、白桦、栎类和其他软阔类树种，均为本区域适生的本土典型树种。樟子松、榆树和灌木林都以岭西森林—草原过渡带分布最多，具有适应性强、根系发达、抗风、固土能力强的特点，均能适应较干旱的沙地及石砾沙土地区；栎类主要分布在岭东南落叶阔叶林区。不同针阔叶混交林结构，形成了该林区相对稳定的森林生态系统，为动植物提供良好的生境条件，使得林内生物多样性更加丰富。同时，良好的生境能够使植被快速生长，盘根错节的根系网以及地表丰富的枯枝落叶层，在涵养水源的同时，也能够牢牢地固持土壤，增强土壤保肥能力。

二、森林与湿地生态系统"四库"主导功能特征分析

1. 绿色水库

通过核算，绿色水库总价值量为 1646.94 亿元 / 年。其中，森林与湿地生态系统分别为 1341.32 亿元 / 年和 302.62 亿元 / 年，占比 81.44% 和 18.56%。由图 6-3 可知，2018 年各林业局（自然保护区、经营所）绿色水库价值量总和占牙克石市 GDP（129.75 亿元）的 12.69 倍（2017 年牙克石市国民经济和社会发展统计公报）。"十三五"期间，内蒙古自治区水利厅确定重大水利投资 22 项，总投资 1484 亿元，绿色水库值量为自治区水利总投资的 1.11 倍。内蒙古森工是以水土保持为主导功能的生态系统；其丰富的森林资源，能够减少雨滴对土壤的冲击，降低径流对土壤的冲蚀，有效地固持土壤。森林与湿地生态系统涵养水源功能，能够延缓径流产生，延长径流汇集时间，起到调节降水和消减洪峰的作用，从而降低地质灾害发生的可能（Liu et al.，2004），且对维护水资源安全具有重大作用。

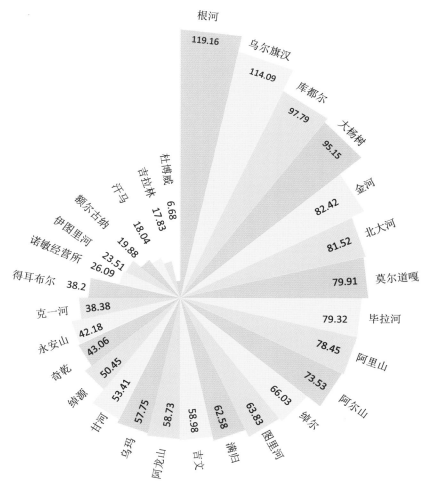

图 6-3　森林和湿地生态系统服务功能绿色水库总价值量分布格局（亿元／年）

2. 绿色碳库

政府间气候变化专门委员会指出，为确保 2030 年全球气温变暖幅度低于 2℃（IPCC，2013），需要控制大气二氧化碳浓度的升高，减少碳排放，增加碳汇。森林在减缓全球二氧化碳浓度升高、固碳增汇方面发挥的作用已达成共识。内蒙古森工绿色碳库总价值量为 1071.75 亿元／年。其中，森林与湿地分别为 1015.59 亿元／年和 56.16 亿元／年，占比为 94.76% 和 5.24%。各林业局（自然保护区、经营所）绿色碳库价值量呈现不同的特征（图 6-4）。就内蒙古地区来讲，能源消费量不断增加，一直以来，煤炭在能源消费结构中占主要地位，随着经济的高速增长，高能耗工业的发展和快速的城市化进程，使得对能源的需求大幅度增加。在经济发展的大背景下，CO_2 排放量正在快速增加，而目前众多减排技术（如源头控制、过程控制、末端控制等）并不具备可观的经济可行性（吕肖婷，2017）。每减排 1 吨碳，工业减排成本约 100 美元，核能、风能等技术减排成本 70 ~ 100 美元，而采取造林、再造林的生物固碳减排成本仅为 5 ~ 15 美元，与工业减排相比，生态系统固碳投资少、代价低，更具经济可行性和现实操作性。

2017 年 12 月，绰尔林业局完成一笔金额为 40 万元的林业碳汇交易，成为了内蒙古森工首个林业碳汇交易项目，是该区碳汇产业的重要尝试。2018 年 1 月 18 日，内蒙古森工林业碳汇国际核证碳减排（简称 VCS）项目碳汇交易签约仪式在牙克石举行，并且向浙江华衍投资管理有限公司出售 VCS 项目中金额为 80 万元的碳汇权益。该林区碳汇交易额突破百万元。标志着林区迈出了林业碳汇交易的坚实步伐，逐步探索出了一条生态价值量转化为经济效益的重要途径。

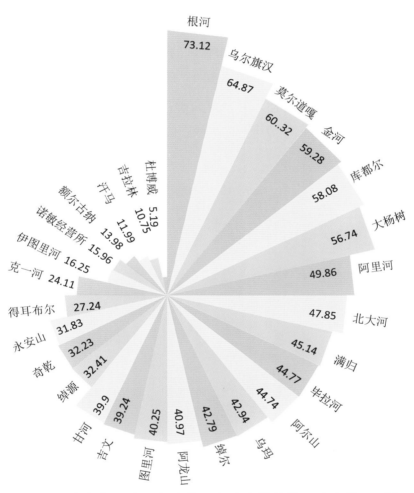

图 6-4　森林和湿地生态系统服务功能绿色碳库总价值量分布格局（亿元／年）

3. 净化环境氧吧库

据世界卫生组织（WHO）统计，每年全球由于空气污染导致各类疾病死亡人数超过 300 万，约占当年全球死亡总数的 5%（范春阳，2014）。内蒙古森工净化环境氧吧库总价值量为 1024.98 亿元／年。其中，森林和湿地产生的价值分别为 795.87 亿元／年和 229.11 亿元／年。如图 6-5，各林业局（自然保护区、经营所）净化环境氧吧库价值量差异性较为显著，以根河、乌尔旗汗、大杨树和库都尔占比最大，合计 283.09 亿元／年。

随着生态旅游的兴起及人们保健意识的增强，空气负离子作为一种重要的旅游资源越来越受到人们的重视。空气负离子能改善肺气管功能，增加肺部吸氧量，促进人体新陈代谢，激活肌体多种酶和改善睡眠，提高人体免疫力、抗病能力（Hofmanet al.，2013）。但它与植物的生长息息相关，植物的生长活力高，则能够产生较多的负离子，这与"年龄依赖"假设相吻合（Tikhonovet al.，2014）。

世界上许多国家都采用植树造林的方法降低大气污染程度，植被对降低空气中细颗粒物浓度和吸收污染物的作用极其显著（Chen et al.，2016）。在距离 50 ～ 100 米的林区颗粒物浓度、二氧化硫和氮氧化物的浓度分别降低了 9.1%、5.3% 和 2.6%（Yin et al.,2011）。Nowak 等应用 BenMAP 程序模型对美国 10 个城市树木的 $PM_{2.5}$ 去除量进行估算研究，得出树木每年去除可入肺颗粒物总量范围是 4.70 ～ 64.50 吨（Nowak et al. 2013）。根据在英国城市的研究，McDonald 等（2007）计算得出，当森林面积占城市面积 1/4 时，PM_{10} 的浓度可以减少 2% ～ 10%，说明森林植被对人体健康有积极的正效应。

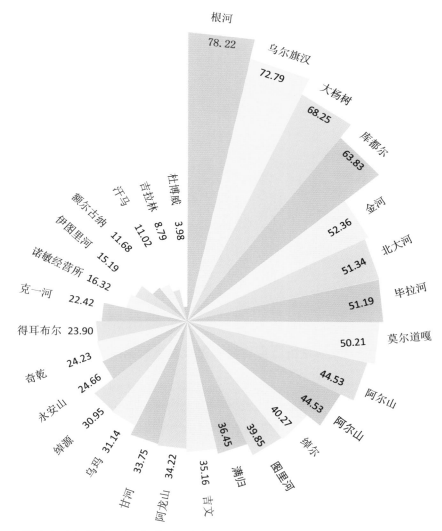

图 6-5　森林和湿地生态系统服务功能净化环境氧吧库总价值量分布格局（亿元／年）

4. 生物多样性基因库

近年来，生物多样性保护受到国际社会的高度重视，已经将其视为生态安全和粮食安全的重要保障，提高到人类赖以生存的条件以及经济社会可持续发展基础的战略高度来认识。内蒙古森工生物多样性基因库总价值为 1246.95 亿元 / 年，其中森林和湿地生态系统价值分别为 1090.34 亿元 / 年和 156.61 亿元 / 年。各林业局（自然保护区、经营所）生物多样性基因库总价值量如图 6-6。

内蒙古森工森林生态系统生物多样性基因库价值量仅次于绿色水库价值量。森林生态系统能够为动物、微生物等其提供生存与繁衍场所，维持生态系统的稳定性和丰富性，使得物种多样性指数逐渐增加，乔木层、灌木层和草本层的 Simpson 指数和 Shannon-Wiener 指数均显著提高，因此其生物多样性价值也逐渐增加。随着时间的推移，群落结构由简单到复杂，由脆弱到稳定，自我调节能力逐步增强，营养结构趋于稳定，符合一般群落正向演替的规律，对生态系统和环境的改善具有一定促进作用。

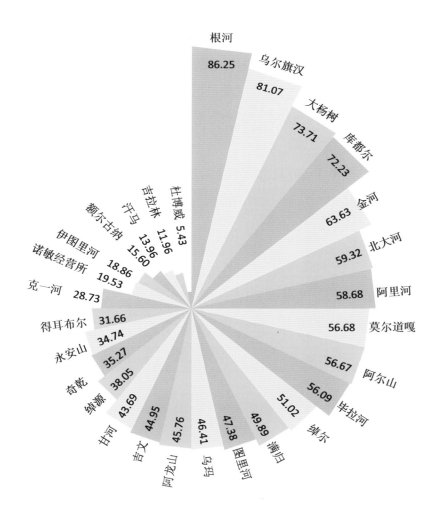

图 6-6　森林和湿地生态系统服务功能生物多样性基因库总价值量分布格局（亿元 / 年）

第二节　森林生态系统服务功能特征驱动力分析

　　森林生态系统服务功能价值量是多因素综合作用的结果，且各因素的影响程度不同。本节分析了政策因素、社会经济因素与自然环境因素对森林生态系统服务功能特征的影响，有助于充分理解森林生态系统时空格局形成与演变的内在机制，为进一步提升其潜能提供参考依据。

一、政策因素

　　政策措施是森林发展和经营的指引，良好的政策支持可为林业发展及经营管理提供标准和方向。因此，政策因素是驱动森林生态系统服务功能增强的重要因素。

1. 停伐减产政策

　　2015 年，内蒙古森工全面停止天然林商业采伐。至此，中国最大国有林区长达 60 余年的采伐生产作业就此画上句号，并迎来新的生态建设发展时期。经统计（表 6-1），停伐减产后木材产值减少 13.42 亿元，但所创造的生态价值为 541.91 亿元。因此，停伐减产虽然减少了木材产业的收入，但是通过天然林资源保护工程的实施，从源头上遏制了人为活动，对自然森林生态系统过度干扰和破坏，使自然森林生态系统得以自我修复，恢复物种赖以生存的生境，从而有效地保护了生物多样性，创造了更高的生态价值。因此，实施停伐减产政策可直接减少大量森林资源的消耗，维持基本的森林蓄积量和植被覆盖度，保证天然林在自然状态下正常生长，发挥巨大的生态价值。

表 6-1　内蒙古森工木材产量调减情况

林业局 （自然保护区、经营所）	1998 产量 （万立方米）	2011 产量 （万立方米）	调减量 （万立方米）	生态价值 （亿元）	木材产值 （亿元）
阿尔山	15.50	5.13	10.37	23.57	0.58
绰尔	19.60	6.56	13.04	29.64	0.73
绰源	11.30	3.93	7.37	16.75	0.42
乌尔旗汉	24.30	9.03	15.27	34.71	0.86
库都尔	19.00	4.76	14.24	32.37	0.80
图里河	12.70	3.75	8.95	20.35	0.50
伊图里河	7.80	2.40	5.40	12.28	0.30
克一河（含诺敏）	16.60	4.62	11.98	27.23	0.67
甘河	20.00	5.77	14.23	32.55	0.80
吉文	15.10	4.03	11.07	25.17	0.62
阿里河	22.70	6.42	16.28	37.01	0.92
根河	28.10	10.91	17.19	39.08	0.97
金河	29.00	9.97	19.03	43.26	1.07
阿龙山	25.60	6.48	19.12	43.46	1.08

（续）

林业局 （自然保护区、经营所）	1998 产量 （万立方米）	2011 产量 （万立方米）	调减量 （万立方米）	生态价值 （亿元）	木材产值 （亿元）
满归	25.10	7.55	17.55	39.90	0.99
得耳布尔	16.10	5.51	10.59	24.07	0.60
莫尔道嘎	35.2	12.15	23.05	52.40	1.30
大杨树	1.30	0.55	0.75	1.70	0.04
毕拉河	3.30	0.48	2.82	6.41	0.16
合计	348.30	110.00	238.30	541.91	13.42

2. 森林抚育政策

"十一五"期间，内蒙古森工累计完成森林抚育 1052 万亩，其中 2010 年利用国家补贴资金 3.38 亿元，抚育面积为 338 万亩，完成木材产量 62.73 万 m³。按照该补贴，计算得出内蒙古森工天然林资源保护工程"十一五"期间森林抚育产值情况见表 6-2。其中，除去抚育资金投入外，通过抚育创造的木材产值和生态价值共为 894.03 亿元，占 2018 年森林生态效益总价值量的 16.87%，。因此，通过森林抚育可加快林木生长、提升林木质量、增强生态系统功能，特别是增强"四库"功能。

表 6-2　内蒙古森工森林抚育产值情况（"十一五"期间）

分类	面积 （万公顷）	抚育资金 （亿元）	木材产量 （万立方米）	木材产值 （亿元）	生态效益 （亿元）
抚育面积	92.66	73.25	257.99	14.53	586.59
人工造林	6.67	3.00	18.57	1.05	42.22
补植补造	52.67	15.80	146.65	8.26	333.43
合计	152.00	92.05	423.21	23.83	962.24

3. 森林管护政策

保护是发展的前提，开展森林管护是保护天然林最有效的方式。天然林资源保护工程一期，森林防火通过理念创新，使森林火灾发生率、森林受害面积和蓄积量环比下降 70%；2000—2011 年累计防治林业有害生物面积 1904.2 万亩。天然林资源保护工程二期，内蒙古森工森林管护面积达 966.49 万公顷，占全国管护面积的 8.37%；森林管护费 72.49 亿元，而 2018 年内蒙古森工森林生态系统价值量为 5298.82 亿元，由此可知，森林管护的成效极其显著。

4. 转产项目建设

天然林资源保护工程的实施，在短期内影响到局部地区的财政减收和群众生活水平。因而，培育新的经济增长点，提高当地群众收入。2010 年 12 月，国家发展改革委、国家林业局出台《大小兴安岭林区生态保护与经济转型规划（2010—2020 年）》。内蒙古森工将发展旅游业作为富民产业，主动融入到地区旅游大格局，整体布局、资源共享、突出重点、打造

精品，打造了点、线、面相结合的旅游景观格局，2010 年共接待游客 31 万人次，实现综合收入 2.1 亿元。2018 年森林游憩价值量为 4.97 亿元，同时解决了部分无业人员的就业问题。因此，转产项目建设不仅可以提升森林游憩功能，而且是妥善分流和安置无业人员的有效途径，直接关系到林区经济的可持续发展和社会稳定。

二、社会经济因素

人口数量、人口密度和经济发展水平是制约森林资源消长的重要因子（李双成和杨勤业，2000）。研究表明：农民人均家庭纯收入对林地面积和林木蓄积量都具有较显著的正向影响。农民收入水平提高，会减少农民的生存压力，从而减少了毁林开荒的可能性以及对森林资源的过度依赖，很大程度上缓解了森林资源的压力（甄江红等，2006）。

1. 富余职工安置

停伐后直接从事木材生产的 2.5 万工人中 7000～8000 人转岗进行森林管护；通过天然林资源保护工程的实施，在岗职工工资由 3906 元（1997 年）提高到 17873 元（2010 年）；为了解决人员安置和富民问题，内蒙古森工全力推进了绿色种苗、林特产品、碳汇基地、森林旅游、特色养殖种植等项目，解决了无业职工的工作问题。2014 年，林区在岗职工人均工资为 3.65 万元，比 2010 年翻了一番。2015 年，内蒙古森工局又设定了职工人均工资达到 4 万元的新指标。按照 4 万元标准计算，2018 年产生的生态价值是 2497.17 万人的工资，因此可使无业人员得到安置，居民收入稳步提升。

2. 基础设施建设

林区基础设施建设滞后，特别是交通设施严重不足已经成为制约林区生态、经济、社会发展的突出问题。2013 年夏季，林区遭遇罕见暴雨袭击，引发部分林业局（自然保护区、经营所）洪涝灾害，给当地道路桥梁造成严重损害，影响到林区森林管护、木材生产、防扑火等生态职能的发挥，从而导致森林生态系统不能发挥其功能，使得森林生态价值降低；因此在《大小兴安岭林区生态保护与经济转型（2010—2020 年）》中提出：以提高林区的路网密度、改善林区对内对外通达性为目标，重点建设公路、防火和专用通道，提高林区路网的养护等级，对内蒙古森工生态建设具有重要的意义。

3. 完善的社会保险制度

天然林资源保护工程二期，内蒙古森工完善社会保险补助政策，同时对林区进行社会保险补助 66.25 亿元；林区补助标准：教育每人每年 12000 元，医疗每人每年 2500 元，森林公安每人每年 15000 元，由中央和地方财政分别补助 80% 和 20%。职工社会保障体系逐步完善，由天然林资源保护工程实施初期仅仅有养老保险，发展到在职职工的养老保险、医疗保险、失业保险、工伤保险和生育保险"五险"的参保率 100% 的跨度，为职工的生活和健康提供了强有力的保障，解除了后顾之忧。

4. 科技发展水平

内蒙古森工对其进行经济转型规划，阿里河林业局开展的珍贵树种培育、食用菌栽培、经济林培育等方面科技带动产业发展项目；同时提出林下生态种植食用菌、食用菌废弃菌糠再利用、木腐菌培养基替代料等创新性研究课题，为林业局林下经济发展模式提高了食用菌产业化的科技化水平；在野生榛子驯化及繁育技术中，解决了丹迪榛子平茬、栽植密度、施肥及花期防寒等关键技术，为林业局榛子研究提出新思路，提升了经济林产业科技创新力度。并且对阿里河百户家庭统计，2011 年，户均家庭经营收入 12000 元，占职总收入的 50%，比 2006 年提高了 16%；内蒙古森工森林生态系统所产生的林产品价值为 4.5 亿元，是 3.75 万户家庭的经营收入。因此，科技发展水平的提高，可提高科技成果的转化率；不断提升产业科技发展水平，不仅可以促进职工增收致富，还可以为林区可持续发展贡献科技力量，进而提高了林区森林生态系统的生态价值量。

三、自然环境因素

自然环境因素是森林生长的基础，良好的自然环境可以有效促进森林群落植被的生长、能量流动及养分循环，从而增强其各项生态系统服务功能。

该区属于寒温带大陆性季风气候，冬季寒冷干燥，夏季炎热多雨，由于独特的地貌特征，大兴安岭东南坡夏季受海洋季风影响，雨水较多，西北坡较干旱，降雨作为参数被用于森林涵养水源的计算，与涵养水源生态价值呈正相关关系；另一方面，降水量的大小还会影响生物量的高低，进而影响到固碳释氧功能（牛香，2012；国家林业局，2013）。水热条件通过影响林木生长，进而对森林生态系统服务功能产生影响，在一定范围内，温度越高，林木生长越快，则其生态系统服务也越强。内蒙古森工是我国北疆的重要生态屏障，地理位置特殊，森林植被成为了阻挡其西部风沙东进和保护东部农牧业及我国东北地区生态安全的一道绿色防线。植物通过 3 种方式阻止地表风蚀或风沙活动：①覆盖部分地表，使被覆盖部分免受风力作用；②分散地表以上一定高度内风的动量从而减弱到达地表风的动能；③拦截运动沙粒促其沉积。森林生态系统能够有效地防治土壤风蚀，促进自然景观的恢复（A. Saleh and D. W. Fryrear，1999；Mitchell R J，1999）。本研究显示：生态系统服务功能较好的区域，植被能够很好地降低风速、减弱风携带沙尘等物质，起到较好的净化环境氧吧库的作用。

第三节　森林生态效益科学量化补偿研究

可持续发展的思想是随着人类与自然关系的不断演化形成的，符合当前人类利益的新发展观。目前，可持续发展已经成为全球长期发展的指导方针，旨在以平衡的方式，实现经济发展、社会发展和环境保护。我国发布的《中国 21 世纪初可持续发展行动纲要》提出的目标为：可持续发展能力不断增强，经济结构调整取得显著成效，人口总量得到有效控制，生态环境明显改善，资源利用率显著提高，促进人与自然的和谐发展，推动整个社会走向生活富裕和生态良好的文明发展道路。本节将从森林生态系统服务的角度出发，分析内蒙古森工社会、经济和生态环境的可持续发展所面临的问题，进而为管理者提供决策依据。

一、基于人类发展指数的森林生态效益定量化补偿研究方法

随着人们对森林认识的逐渐加深，对森林生态效益的研究力度也在逐步加大，森林生态效益受到了各级政府部门的重视。对生态补偿的研究有利于生态效益评估工作的推进与开展，生态效益评估又有助于生态补偿制度的实施和利益分配的公平性。根据"谁受益、谁补偿，谁破坏、谁恢复"的原则，应该完善对重点生态功能区的生态补偿机制，形成相应的横向生态补偿制度，森林生态效益补偿可以更好地给予生态效益提供相应的补助（牛香，2012；王兵，2015）。

1. 人类发展指数

人类发展指数（human development index，HDI）是对人类发展情况的总体衡量尺度。它主要是从人类发展的健康长寿、知识的获取及生活水平三个基本维度衡量一个国家取得的平均成就。HDI 是衡量每个维度取得成就的标准化指数的集合平均数，基本原理及估算方法已有相关研究（Klugman，2011）。

人类发展指数的基本原理如图 6-7 所示。

估算人类发展指数的方法：

第一步，建立维度指数。设定最小值和最大值（数据范围）已将指标转变为 0 ～ 1 的数值。最大值是从有数据记载的年份至今观察到的指标的最大值，最小值可被视为最低生活标准的合适的数值。国际上通用的最小值被定为：预期寿命为 20 年，平均受教育年限

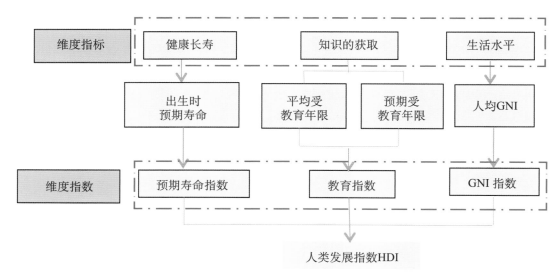

图 6-7　人类发展指数的基本原理

和预期受教育年限均为 0 年，人均国民总收入为 100 美元。定义了最大值和最小值之后按照如下公式计算，由于维度指数代表了相应维度能力，从收入到能力的转换可能是凹函数（Anand，1994）。因此，需要对维度指数的最小值和最大值取自然对数。

$$维度指数 = （实际值 - 最小值）/ （最大值 - 最小值） \tag{6-1}$$

$$即：I_{寿命} = （L_{实际值} - L_{最小值}）/ （L_{最大值} - L_{最小值}） \tag{6-2}$$

$$I_{教育1} = （Y_{实际值1} - Y_{最小值1}）/ （Y_{最大值1} - Y_{最小值1}） \tag{6-3}$$

$$I_{教育2} = （Y_{实际值2} - Y_{最小值2}）/ （Y_{最大值2} - Y_{最小值2}） \tag{6-4}$$

$$I_{教育} = [（I_{教育1} \cdot I_{教育2}）- J_{最小值}]/ （J_{最大值} - J_{最小值}） \tag{6-5}$$

$$I_{收入} = （\ln R_{实际值} - \ln R_{最小值}）/ （\ln R_{最大值} - \ln R_{最小值}） \tag{6-6}$$

式中：$I_{寿命}$——预期寿命指数；

$\quad I_{教育}$——综合教育指数；

$\quad I_{教育1}$——平均受教育年限指数；

$\quad I_{教育2}$——预期受教育年限指数；

$\quad I_{收入}$——收入指数；

$\quad L_{实际值}$——寿命的实际值；

$\quad L_{最大值}$——寿命的最大值；

$\quad L_{最小值}$——寿命的最小值；

$\quad Y_{实际值1}$——平均受教育年限的实际值；

$\quad Y_{最大值1}$——平均受教育年限的最大值；

$\quad Y_{最小值1}$——平均受教育年限的最小值；

$\quad Y_{实际值2}$——预受教育年限的实际值；

$\quad Y_{最大值2}$——预受教育年限的最大值；

$\quad Y_{最小值2}$——预受教育年限的最小值；

$\quad J_{最大值}$——综合教育指数的最大值；

$\quad J_{最小值}$——综合教育指数的最小值；

$\quad R_{实际值}$——人均国民收入的实际值；

$\quad R_{最大值}$——人均国民收入的最大值；

$\quad R_{最小值}$——人均国民收入的最小值。

$R_{实际值}$、$R_{最大值}$、$R_{最小值}$，经 PPP 调整，以美元表示。

第二步，将这些指数合成即为人类发展指数。

$$HDI = (I_{寿命} \cdot I_{教育} \cdot I_{收入})^{1/3} \tag{6-7}$$

而与人类发展指数相关的为维度指标，恰好又是基本与人类福祉要素诸如健康、维持高质量生活的基本物质条件、安全、良好的社会关系等相吻合，而这些要素与森林生态系统服务密切相关，在经济学统计中，这些要素对应的恰恰又是居民消费的一部分。总的来说，人类发展指数是一个计算比较容易，计算方法简单，可以用比较容易获得的数据就可以计算的参数，且适用于不同的社会群体。HDI 也可以作为社会进步程度及社会发展程度的重要反映指标。

2. 人类发展指数的维度指标与福祉要素的关系

人类发展指数的三个维度是健康长寿、知识的获取以及生活水平，福祉要素主要包括安全保障、维持高质量生活所需要的基本物质条件、选择与行动的自由、健康以及良好的社会关系等。显然，人类发展指数与人类幸福度（福祉要素）具有密切的关系，如健康长寿与健康和安全保障、知识的获取与良好的社会关系和选择行动的自由、生活水平与维持高质量生活所需要的基本物质条件等，均具有对应的关系。正如人们所经历和所意识到的那样，福祉要素与周围的环境密切相关，并且可以客观地反映出当地的地理、文化与生态状况等。

3. 生态系统服务与人类福祉的关系

生态系统与人类福祉的关系如图所示，主要表现为：一方面，持续变化的人类状况可以直接或间接地驱动生态系统发生变化，另一方面，生态系统的变化又可以导致人类的福祉状况发生改变。同时，许多与环境无关的其他因素也可以改变人类的福祉状况，而且许多自然驱动力也在持续不断地对生态系统产生影响，如图 6-8 所示。

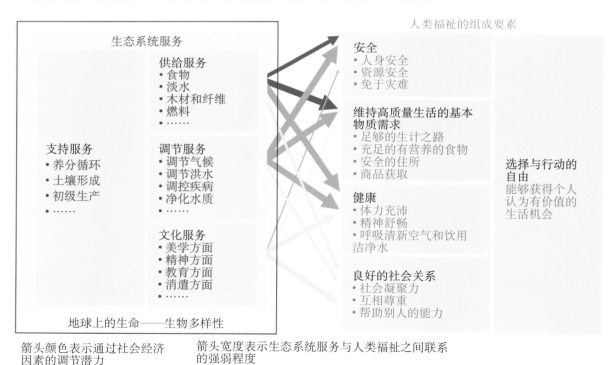

图 6-8　生态系统服务与人类福祉的关系

4. 森林生态效益多功能定量化补偿系数研究

通过分析人类发展指数的维度指标，将其与人类福祉要素有机地结合起来，而这些要素与生态系统服务密切相关。在认识三者之间关系的背景下，进一步提出了基于人类发展指数的森林生态效益多功能定量化补偿系数。具体方法和过程介绍如下：

该方法是基于人类发展指数，综合考虑各地区财政收入水平而提出的适合中国国情的各地区森林生态系统多功能定量化补偿系数（MQC）。

$$MQC_i = NHDI_i \cdot FCI_i \tag{6-8}$$

式中：MQC_i——i 地区的森林生态效益多功能定量化补偿系数，简称补偿系数；

　　　　$NHDI_i$——i 地区的人类发展基本消费指数；

　　　　FCI_i——i 地区的财政相对补偿能力指数。

其中，

$$NHDI_i = [(C_1 + C_2 + C_3)/GDP_i] \tag{6-9}$$

式中：C_1——居民消费中的食品类支出；

　　　　C_2——医疗保健类支出；

　　　　C_3——文教娱乐用品及服务类支出；

　　　　GDP_i——i 地区某一年的国民生产总值。

$$FCI_i = G_i / G \tag{6-10}$$

式中：G_i——i 地区的财政收入；

　　　　G——i 地区所在行政主管区的财政收入。

所以公式可改写为：

$$MQC_i = [(C_1 + C_2 + C_3)/GDP_i] \cdot (G_i / G) \tag{6-11}$$

由森林生态效益多功能定量化补偿系数可以进一步计算补偿总量及补偿额度，如公式所示：

$$TMQC_i = MQC_i \cdot V_i \tag{6-12}$$

式中：$TMQC_i$——i 地区的森林生态效益多功能定量化补偿总量，简称补偿总量；

　　　　V_i——i 地区的森林生态效益。

$$SMQC_i = TMQC_i / A_i \tag{6-13}$$

式中：$SMQC_i$——i 地区的森林生态效益多功能定量化补偿额度，简称补偿额度；

$\quad\quad\quad A_i$——i 地区的森林面积。

二、森林生态效益定量化补偿计算

目前森林生态效益评估的相关研究结果都处于偏高的水平，造成生态系统服务功能的提供者很难与受益者之间达成共识，使得生态系统服务补偿的工作难以推进。因此，本研究基于人类发展指数开展森林生态效益定量化补偿研究，客观地计算出内蒙古森工森林生态效益补偿系数、补偿总量和补偿额度，为更好地保护内蒙古大兴安岭重点国有林资源提供科学依据。

> 森林生态效益科学量化补偿是基于人类发展指数的多功能定量化补偿，结合了森林生态系统服务和人类福祉的其他相关关系并符合省级财政支付能力的一种对森林生态系统服务提供者给予的奖励。
>
> 人类发展指数是对人类发展情况的总体衡量尺度。主要从人类发展的健康长寿、知识的获取以及生活水平三个基本维度衡量一个国家取得的平均成就。

利用人类发展指数的转换公式，根据内蒙古统计年鉴数据，计算得出该区域森林生态效益定量化补偿系数、财政相对能力补偿指数、补偿总量及补偿额度，见表 6-3。

表 6-3　内蒙古森工森林生态效益定量化补偿情况

年份	政府支付意愿指数	补偿系数(%)	补偿总量（亿元）	补偿额度	
				元/(公顷·年)	元/(亩·年)
2018	0.044	0.3684	19.55	232.79	15.52

为进一步规范和加强森林生态效益补偿基金管理，提高资金使用效益，根据财政部、国家林业局《中央森林生态效益补偿基金管理办法》（财〔2007〕7 号），内蒙古自治区结合自身实际，制定了《内蒙古自治区财政森林生态效益补偿基金管理办法》。第二章第五条规定显示，中央财政补偿基金补偿标准为平均每年每亩 5 元，其中 4.75 元用于国有林业单位、集体和个人的管护等开支；0.25 元由自治区财政列支，用于自治区林业主管部门组织开展的国家重点公益林区域林区道路维护情况的检查验收、跨重点公益林区域开设防火隔离带等森林火灾预防、重点公益林区域林区道路维护的开支。地方财政补偿基金补偿标准平均每年每亩一般不低于 3 元，主要由盟市、旗县财政安排，自治区财政给予适当补助。由表 6-1 可以看出，根据人类发展指数计算的补偿额度为 15.52 元（2018 年）高于政策性补偿。利用这种方法计算的生态效益定量化补偿系数是一个动态的补偿系数，不但与人类福祉的各

要素相关，而且进一步考虑了省级财政的相对支付能力。以上数据说明，随着人们生活水平的不断提高，人们不再满足于高质量的物质生活，对于舒适环境的追求已成为一种趋势，而森林生态系统对舒适环境的贡献已形成共识。

三、各林业局（自然保护区、经营所）森林生态效益定量化补偿

为了能够更加科学合理地实现生态效益的补偿，本研究选择森林生态效益补偿分配系数来确定各林业局所获得的补偿总量及补偿额度。森林生态效益补偿分配系数是指某地区森林生态效益与上一级行政区森林生态效益的比值，该系数表明，某一地区只要森林生态效益越高，那么相应地获得的补偿总量就越多，反之亦然。森林生态效益补偿分配系数的计算公式如下：

$$D_{ij}=V_{ij} / V_i \qquad (6\text{-}14)$$

式中：D_{ij}——i 地区 j 区域的森林生态效益补偿分配系数；

$\quad\quad V_{ij}$——i 地区 j 区域的森林生态效益；

$\quad\quad V_i$——i 地区的森林生态效益。

由此可以用公式（6-14）计算出各林业局应获得的森林生态效益补偿总量。

$$\text{TMQC}_{ij}=\text{TMQC}_i \cdot D_{ij} \qquad (6\text{-}15)$$

式中：TMQC_{ij}——i 地区 j 区域可以获得的森林生态效益补偿总量；

$\quad\quad \text{TMQC}_i$——i 地区的森林生态效益补偿总量。

由森林生态效益补偿总量可以进一步计算该地区的补偿额度，用公式（6-15）表示：

$$\text{SMQC}_{ij}= \text{TMQC}_{ij} \cdot A_{ij} \qquad (6\text{-}16)$$

式中：SMQC_{ij}——i 地区 j 区域补偿额度；

$\quad\quad A_{ij}$——i 地区 j 区域的森林面积。

根据公式（6-14）、（6-15）、（6-16）得出 2018 年内蒙古森工森林生态效益分配系数及补偿情况。

利用人类发展指数等方法计算的生态效益定量化补偿系数是一个动态的补偿系数，不但与人类福祉的各要素相关，而且进一步考虑了省级财政的相对支付能力。根据内蒙古森工森林生态效益定量化补偿额度计算出各林业局森林生态效益定量化补偿系数及分配系数（表6-4），最高为根河，其次是乌尔旗汉和金河。补偿总量的变化趋势与补偿系数的变化趋势一致，均与各林业局森林生态效益价值量成正比。随着人们生活水平的不断提高，人们对于舒适环境的追求已经成为一种趋势，而森林生态系统对舒适环境的贡献已形成共识，

所以如果政府每年投入约1%的财政收入来进行森林生态效益补偿，那么相应地将会极大提高当地人民的幸福指数（牛香，2012）。

表6-4　各林业局（自然保护区、经营所）森林生态效益定量化补偿情况（2018年）

林业局（自然保护区、经营所）	生态效益（亿元/年）	分配系数（%）	补偿总量（亿元）	补偿额度	
				元/(公顷·年)	元/(亩·年)
根河	352.42	6.66	1.30	239.20	15.95
乌尔旗汉	300.86	5.69	1.11	232.36	15.49
金河	295.74	5.59	1.09	239.17	15.94
莫尔道嘎	295.18	5.58	1.09	258.21	17.21
库都尔	266.52	5.04	0.99	228.54	15.24
大杨树	248.21	4.69	0.92	223.17	14.88
阿里河	244.37	4.62	0.90	232.94	15.53
北大河	234.80	4.44	0.87	232.24	15.48
满归	232.33	4.39	0.86	230.83	15.39
阿尔山	229.44	4.34	0.85	225.93	15.06
绰尔	218.94	4.14	0.81	228.89	15.26
乌玛	218.72	4.14	0.81	230.57	15.37
阿龙山	213.55	4.04	0.79	232.33	15.49
毕拉河	205.54	3.89	0.76	235.02	15.67
甘河	202.11	3.82	0.75	229.22	15.28
图里河	196.11	3.71	0.73	233.59	15.57
吉文	196.00	3.71	0.72	231.81	15.45
奇乾	165.38	3.13	0.61	228.41	15.23
永安山	165.14	3.12	0.61	229.90	15.33
绰源	160.50	3.03	0.59	231.86	15.46
得耳布尔	139.65	2.64	0.52	226.47	15.10
克一河	123.25	2.33	0.46	229.60	15.31
伊图里河	83.22	1.57	0.31	229.45	15.30
诺敏经营所	82.00	1.55	0.30	232.23	15.48
汗马	62.45	1.18	0.23	231.98	15.47

（续）

林业局（自然保护区、经营所）	生态效益（亿元/年）	分配系数（%）	补偿总量（亿元）	补偿额度	
				元/(公顷·年)	元/(亩·年)
额尔古纳	71.67	1.36	0.26	232.50	15.50
吉拉林	57.74	1.09	0.21	231.57	15.44
杜博威	26.52	0.50	0.10	234.56	15.64

注：表中生态效益不包括森林游憩和提供林产品价值。

四、主要优势树种（组）森林生态效益定量化补偿

根据森林资源档案数据，结合测算统计的需要，将全林区森林资源划分为12个优势树种（组）（包括经济林）。依据森林生态效益定量化补偿系数，得出不同优势树种（组）所获得的分配系数、补偿总量及补偿额度，见表6-5。主要优势树种（组）生态效益分配系数介于0.07%~46.10%之间，补偿额度在各树种之间也有一定的差异，最高为枫桦303.53元/公顷，其次为其他硬阔类为299.94元/公顷，最低的为灌木林209.24元/公顷；分配系数与各优势树种（组）的生态效益呈正相关性。补偿总量的变化趋势与补偿系数的变化趋势一致，均与各优势树种（组）的森林生态效益价值量成正比。

表6-5 主要优势树种（组）森林生态效益定量化补偿情况

优势树种（组）	生态效益（亿元/年）	分配系数（%）	补偿总量（亿元）	补偿额度	
				元/(公顷·年)	元/(亩·年)
落叶松	2437.73	46.10	9.01	222.20	14.81
白桦	1736.98	32.85	0.28	233.08	15.54
栎类	440.91	8.34	1.63	297.20	19.81
其他软阔类	390.01	7.37	6.42	238.22	15.88
桦木	87.92	1.66	0.05	242.47	16.16
灌木林	86.66	1.64	0.33	209.24	13.95
樟子松	76.74	1.44	0.02	277.74	18.52
柳树	12.44	0.24	0.01	241.23	16.08
其他硬阔类	5.21	0.10	0.02	299.94	20.00
枫桦	5.19	0.10	0.02	303.53	20.24
杨树	4.86	0.09	1.44	279.79	18.65
榆树	3.71	0.07	0.32	213.58	14.24

注：表中生态效益不包括森林游憩和提供林产品价值。

第四节   森林资源资产负债表编制研究

"探索编制自然资源资产负债表，对领导干部实行自然资源资产离任审计，建立生态环境损害责任终身追究制"是十八届三中全会做出的重大决定，也是国家健全自然资源资产管理制度的重要内容。2015年中共中央、国务院印发了《生态文明体制改革总体方案》，与此同时强调生态文明体制改革工作以"1+6"方式推进，其中包括领导干部自然资源资产离任审计的试点方案和编制自然资源资产负债表试点方案。研发自然资源资产负债表并探索其实际应用，无疑是国家加快建立生态文明制度，健全资源节约利用、生态环境保护体制，建设美丽中国的根本战略需求。自然资源资产负债表是用国家资产负债表的方法，将全国或一个地区的所有自然资源资产进行分类加总形成报表，显示某一时间点上自然资源资产的"家底"，反映一定时间内自然资源资产存量的变化，准确把握经济主体对自然资源资产的占有、使用、消耗、恢复和增值活动情况，全面反映经济发展的资源消耗、环境代价和生态效益，从而为环境与发展综合决策、政府生态环境绩效评估考核、生态环境补偿等提供重要依据。探索编制内蒙古森工森林资源资产负债表，是深化生态文明体制改革，推进生态文明建设的重要举措。对于研究如何依托内蒙古大兴安岭林区丰富的森林资源，实施绿色发展战略，建立生态环境损害责任终身追究制，进行领导干部考核，以及解决绿色经济发展和可持续发展之间的矛盾等具有十分重要的意义。

> 自然资源资产负债表是指用资产负债表的方法，将全国或一个地区的所有自然资源资产进行分类加总而形成的报表。建立自然资源资产负债表，就是要核算自然资源资产的存量及其变动情况，以全面记录当期（期末－期初）自然和各经济主体对生态资产的占有、使用、消耗、恢复和增值活动，评估当期生态资产实物量和价值量的变化。构建区域自然资产价值评估模型和评价体系，尽可能精确、完整地反映和体现自然资本的价值，为规划、管理、评估区域可持续发展，为衡量绿色投资绿色金融的回报，提供科学的分析工具。

一、账户设置

结合相关财务软件管理系统，以国有林场与苗圃财务会计制度所设定的会计科目为依据，建立三个账户：①一般资产账户，用来核算内蒙古森工林业正常财务收支情况；②森林资源资产账户，用来核算内蒙古森工森林资源资产的林木资产，包括林地资产、非培育资产；③森林生态系统服务功能账户，用来核算内蒙古森工森林生态系统服务功能价值，包括涵养水源、保育土壤、固碳释氧、林木积累营养物质、净化大气环境、生物多样性保护、森林防护、森林游憩、提供林产品。

二、森林资源资产账户编制

联合国粮农组织林业司编制的《林业的环境经济核算账户——跨部门政策分析工具指南》指出森林资源核算内容包括林地和林木资产核算、林产品和服务的流量核算、森林环境服务核算和森林资源管理支出核算。我国的森林资源资产核算的内容主要包括林木资产核算、林地资产核算、林副产品核算和森林生态系统服务核算。因此，参考 FAO 林业环境经济核算账户和我国国民经济核算附属表的有关内容，开展内蒙古森工森林资源核算研究。

（一）核算公式

1. 林地资产核算

林地是森林的载体，是森林物质生产和生态系统服务的源泉，是森林资源资产的重要组成部分，完成林地资产核算和账户编制是森林资源资产负债表的基础。本研究中林地资源资产的估算主要采用年本金资本化法。其计算公式：

$$E=A / P \tag{6-17}$$

式中：E——林地评估值（元／亩）；

A——年平均地租（元／亩）；

P——利率（%）。

2. 林木资产核算

林木资源是重要的环境资源，可用于建筑和造纸、家具及其他产品生产，是重要的燃料来源和碳汇集地。编制林木资源资产账户，可将其作为计量工具提供信息，评估和管理林木资源变化及其提供的服务。

(1) 幼龄林、灌木林等林木价值量采用重置成本法核算。其计算公式：

$$E_n=k \cdot \sum_{i=1}^{n} C_i \ (1+P)^{n-i+1} \tag{6-18}$$

式中：E_n——林木资产评估值（元／公顷）；

k——林分质量调整系数；

C_i——第 i 年以现时工价及生产水平为标准计算的生产成本，主要包括各年投入的工资、物质消耗等（元）；

n——林分年龄；

P——利率（%）。

(2) 中龄林、近熟林林木价值量采用收获现值法计算。其计算公式：

$$E_n = k \cdot \frac{A_u + D_a (1+P)^{u-a} + D_b (1+P)^{u-b} + \cdots}{(1+P)^{u-n}} - \sum_{i=n}^{u} \frac{C_i}{(1+P)^{i-n+1}} \tag{6-19}$$

式中：E_n——林木资产评估值（元/公顷）；

　　　k——林分质量调整系数；

　　　A_u——标准林分 u 年主伐时的纯收入（元）（指木材销售收入扣除采运成本、销售费用、管理费用、财务费用及有关税费和木材经营的合理利润后的部分）；

　　　D_a、D_b——标准林分第 a、b 年的间伐单位纯收入（元）（$n > a$，b 时，D_a，D_b = 0）；

　　　C_i——第 i 年的营林成本（元）（含地租）；

　　　n——林分年龄；

　　　P——利率（%）；

　　　u——森林经营类型的主伐年龄。

(3) 成熟林、过熟林林木价值量采用市场价倒算法计算。其计算公式：

$$E_n = W - C - F \tag{6-20}$$

式中：E_n——林木资产评估值（元/公顷）；

　　　W——销售总收入（元）；

　　　C——木材生产经营成本（包括采运成本、销售费用、管理费用、财务费用及有关税费）（元）；

　　　F——木材生产经营合理利润（元）。

(4) 经济林林木价值量全部按照产前期经济林估算，前期经济林林木资产主要采用重置成本法进行评估。其计算公式：

$$E_n = K\{C_1 \cdot (1+P)^n + C_2 [(1+P)^{n-1}]/P\} \tag{6-21}$$

式中：E_n——第 n 年经济林林木资产评估值（元/公顷）；

　　　C_1——第一年投资费（元）；

　　　C_2——第一年后每年平均投资费（元）；

　　　K——林分调整系数；

　　　n——林分年龄；

　　　P——利率（%）。

3. 林产品核算

林产品指在林内通过人工种植和养殖或自然生长的动植物上所获得的植物根、茎、叶、干、果实、苗木种子等可以在市场上流通买卖的产品，主要分为木质产品和非木质产品。其中，非木质产品是指以森林资源为核心的生物种群中获得的能满足人类生存或生产需要的产品和服务，包括植物类产品、动物类产品和服务类产品，如野果、药材、蜂蜜等。

林产品价值量评估主要采用市场价值法，在实际核算森林产品价值时，可按林产品种类分别估算。评估公式：某林产品价值 = 产品单价 × 该产品产量。

（二）核算结果

（1）林地价值。本研究确定林地价格时根据《内蒙古森工集团大兴安岭林管局志2000—2011》，1998 年生长非经济树种的林地地租为 11.37 元 /（亩·年），生长经济树种的林地地租为 18.29 元 /（亩·年），利率按 6% 计算。根据相关公式可得，非经济树种林地（含灌木林）的价值量为 211.30 亿元，生长经济树种林地的价值量为 0.29 亿元，林地总价值量为 211.59 亿元；2018 年生长非经济树种的林地地租为 24.11 元 /（亩·年），利率按 6% 计算可得林地资产总价值为 504.51 亿元（表 6-6）。

表 6-6　林地价值评估

年份	林地类型	平均地租 [元/（亩·年）]	利率 （%）	林地价格 （元/公顷）	面积 （公顷）	价值 （亿元）
1998年	非经济林树种林地 （含灌木林）	11.37	6	2842.50	7433700	211.30
	经济树种林地	18.29	6	4572.50	6400	0.29
	合计	—	—	—	—	211.59
2018年	非经济林树种林地 （含灌木林）	24.11	6	6027.50	8370200	504.51
	合计	24.11	6	6027.50	8370200	504.51

（2）林木价值。本研究中林木的价值量包括乔木林（不含经济树种）、灌木林和经济林树种的林木价值。参照优势树种（组）龄林划分表（表 6-7），由内蒙古森工林业实施禁伐政策，没有木材采伐，因此在实际评估时对内蒙古大兴安岭林区的幼龄林、中龄林、近成熟林的木材采用重置成本法进行评估，成熟林和过熟林采用市场价倒算法进行评估。

根据表 6-8 统计，1998 年，乔木林（不含经济林）林木资产价值量为 1573.53 亿元，灌木林林木资产价值量为 0.64 亿元，总林木资产价值量总计为 1574.17 亿元。结合林木实际结实情况，确定产前期经济林寿命为 $n=5$ 年，投资收益参照林业平均利率取 $P=6\%$，1998 年经济林林木资产价值量为 0.00031 亿元；2018 年，乔木林（不含经济林）林木资产价值量为 1901.18 亿元，灌木林林木资产价值量为 1.53 亿元，林木资产价值量总计为1902.71 亿元。

6-7　内蒙古森工主要树种组龄级与龄组划分

树种组	起源	龄组（年）				
		幼龄林	中龄林	近熟林	成熟林	过熟林
落叶松、樟子松	天然林	≤30	31～50	51～60	61～80	＞81
	人工林	≤20	21～30	31～40	41～60	＞61
栎类	天然林	≤30	31～50	51～60	61～80	＞81
	人工林	≤30	31～30	51～60	61～80	＞81
白桦、山杨	天然林	≤10	11～20	21～25	26～35	＞36
	人工林	≤10	11～20	21～25	26～35	＞36
榆树、甜杨	天然林	≤30	31～50	51～60	61～80	＞81
	人工林	≤20	21～40	41～50	51～70	＞71
柳、其他软阔类	天然林	≤20	21～30	31～40	41～60	＞61
	人工林	≤10	11～15	16～20	21～30	＞31
硬阔类	天然林	≤40	41～60	61～80	80～120	＞120
	人工林	≤20	21～40	41～50	51～70	＞70
黑桦、枫桦	天然林	≤30	31～50	51～60	61～80	＞81
	人工林	≤20	21～40	41～50	51～70	＞71
杨树	天然林	≤15	16～25	26～30	31～40	＞41
	人工林	≤10	11～20	21～25	26～35	＞36

表 6-8　内蒙古森工林木资产价值估算

年份	优势树种（组）	面积（公顷）	蓄积量（立方米）	资产评估值（亿元）
1998	幼龄林	1597600	640304	319.52
	中龄林	2970000	2243241	444.60
	近熟林	911000	1083917	339.41
	成熟林	1218100	1477497	317.47
	过熟林	672600	952671	152.54
	灌木林	64400	—	0.64
	经济林	6400	—	0.00031
	合计	7440100	—	1574.17

年份	优势树种（组）	面积 （公顷）	蓄积量 （立方米）	资产评估值 （亿元）
2018	幼龄林	532900	176989	106.58
	中龄林	3095900	3149338	463.45
	近熟林	1543900	1919800	575.20
	成熟林	1933000	2659439	503.79
	过熟林	1111900	1502437	252.16
	灌木林	152600	—	1.53
	合计	8370200	—	1902.71

（3）林产品价值。根据内蒙古大兴安岭地区林业产品分类，可分为茶、中药材、森林食品、经济林产品种植与采集、陆生野生动物繁殖，参照这些林产业的产值，计算林产品的价值。由于《内蒙古森工集团大兴安岭林管局志2000—2011》中没有对具体的林产品进行统计，无法分类统计内蒙古森工森林资源资产价值量；而我们根据2017年内蒙古森工提供的林产品总价值36091万元，按现价折算至2018年，提供的林产品总价值为4.50亿元。

由此可知，1998年森林资源资产价值量达1785.76亿元，其中林木资产价值占总价值的88.15%；内蒙古森工2018年森林资源资产（不含经济林）价值达2407.22亿元，其中林产品价值为4.5亿元（表6-9）。

表6-9　内蒙古森工森林资源资产价值核算统计

年份	林地 （亿元）	林木（亿元）				林产品 （亿元）	合计 （亿元）
		乔木林	灌木林	经济林	小计		
1998	211.59	1573.53	0.644	0.00031	1574.17	—	1785.77
2018	504.51	1901.18	1.526	—	1902.71	4.50	2411.72

三、内蒙古森工森林资源资产负债表编制

结合上述计算方法及森林生态服务功能价值量核算结果，编制出1998年和2018年内蒙古森工森林资源资产负债表，见表6-10至表6-13。

表 6-10 资产负债表（一般资产账户 01 表）

单位：元

资产	行次	期初数	期末数	负债及所有者权益	行次	期初数	期末数
流动资产：				流动负债：			
货币资金	1			短期借款	40		
短期投资	2			应付票据	41		
应收票据	3			应收账款	42		
应收账款	4			预收账款项	43		
减：坏账准备	5			育林基金	44		
应收账款净额	6			拨入事业费	45		
预付款项	7			专项应付款	46		
应收补贴款	8			其他应付款	47		
其他应收款	9			应付工资	48		
存货	10			应付福利费	49		
待摊费用	11			未交税金	50		
待处理流动资产净损失	12			其他应交款	51		
一年内到期的长期债券投资	13			预提费用	52		
其他流动资产	14			一年内到期的长期负债	53		
流动资产合计	15			其他流动负债	54		
营林、事业费支出：				流动负债合计	55		
营林成本	16			长期负债：			
事业费支出	17			长期借款	56		
营林、事业费支出合计	18			应付债券	57		
林木资产：	19			长期应付款	58		
	20				59		

（续）

资产	行次	期初数	期末数
林木资产	21		
长期投资：	22		
长期投资	23		
固定资产：	24		
固定资产原价	25		
减：累积折旧	26		
固定资产净值	27		
固定资产清理	28		
在建工程	29		
待处理固定资产净损失	30		
固定资产合计	31		
无形资产及递延资产：	32		
无形资产	33		
递延资产	34		
无形资产及递延资产合计	35		
其他长期资产：	36		
其他长期资产	37		
资产总计	38		

负债及所有者权益	行次	期初数	期末数
	60		
其他长期负债	61		
其中：住房周转金	62		
	63		
长期负债合计	64		
负债合计	65		
所有者权益：	66		
实收资本	67		
资本公积	68		
盈余公积	69		
其中：公益金	70		
未分配利润	71		
林木资本	72		
	73		
所有者权益合计	74		
	75		
	76		
负债及所有者权益总计	77		

表 6-11　森林资源资产负债表（森林资源资产负债 02 表）

单位：元

资产	行次	期初数	期末数	负债及所有者权益	行次	期初数	期末数
流动资产：	1			流动负债：	41		
货币资金	2			短期借款	42		
短期投资	3			应付票据	43		
应收账款	4			应付账款	44		
预付账款	5			预收款项	45		
其他应收款	6			育林基金	46		
待摊费用	7			拨入事业费	47		
待处理财产损益	8			专项应付款	48		
流动资产合计	9			其他应付款	49		
固定资产：	10			应付工资	50		
在建工程	11			国家投入	51		
长期投资	12			未交税金	52		
固定资产合计	13			应付林木损失费	53		
森源资产：	14			其他流动负债	54		
森源资产	15	17857691586.86	241171953214.79	流动负债合计	55		
林木资产	16	157417359611.86	190270572714.79	长期负债：	56		
林地资产	17	21159556250.00	50451380500.00	长期借款	57		
林产品资产	18	449982588.00		应付债券	58		
非培育资产	19			其他长期负债	59		
应补森源资产：	20			长期负债合计	60		
应补森源资产	21			负债合计	61		

（续）

资产	行次	期初数	期末数
应收林木资产款	22		
应收林地资产款	23		
应收湿地资产款	24		
应收非培育资产款	25		
	26		
生量林木资产：	27		
生量林木资产	28		
无形及递延资产：	29		
无形资产	30		
递延资产	31		
无形及递延资产合计	32		
	33		
	34		
	35		
	36		
	37		
	38		
	39		
资产总计	40	17857691586 1.86	24117195321 4.79

负债及所有者权益	行次	期初数	期末数
应付资源资本：	62		
应付资源资本	63		
应付林木资本	64		
应付林地资本	65		
应付湿地资本	66		
应付非培育资本	67		
所有者权益：	68		
实收资本	69		
森林资本	70	17857691586 1.86	24117195321 4.79
林木资本	71	15741735961 1.86	19027057271 4.79
林地资本	72	21159556250.00	50451380500.00
林产品资本	73	—	44998258 8.00
非培育资本	74		
生量林木资本	75		
资本公积	76		
盈余公积	77		
未分配利润	78		
所有者权益合计	79		
负债及所有者权益总计	80	17857691586 1.86	24117195321 4.79

表6-12　森林生态系统服务功能资产负债表（森林生态系统服务功能资产负债03表）

单位：元

资产	行次	期初数	期末数	负债及所有者权益	行次	期初数	期末数
流动资产：				流动负债：			
货币资金	1			短期借款	71		
短期投资	2			应付账款	72		
应收账款	3			预收款项	73		
预付项款	4			专项应付款	74		
其他应收款	5			其他应付款	75		
待摊费用	6			应付工资	76		
	7			未交税金	77		
流动资产合计	8			应付票据	78		
无形及递延资产：				国家投入	79		
无形资产	9			应付林木损失费	80		
递延资产	10			其他流动负债	81		
	11			拨入事业费	82		
无形及递延资产合计	12				83		
固定资产：					84		
长期投资	13			流动负债合计	85		
其他资产	14			长期负债：			
	15			长期借款	86		
固定资产合计	16			应付债券	87		
生态资产：				长期应付款	88		
生态资产	17	3755790000000	529882000000	其他长期负债	89		
涵养水源	18	9501600000000	1341320000000	长期负债合计	90		
保育土壤	19	5633700000000	76011000000		91		
固碳释氧	20	74055000000	1015590000000				

（续）

资产	行次	期初数	期末数	负债及所有者权益	行次	期初数	期末数
林木积累营养物质	22	17522000000	28612000000	负债合计	92		
净化大气环境	23	54940000000	79587000000	应付生态资本：	93		
生物多样性保护	24	77709000000	109034000000	应付生态资本	94		
森林游憩	25	—	497000000	涵养水源	95		
提供林产品	26	—	449982588	保育土壤	96		
其他生态服务功能	27			固碳释氧	97		
生量生态资产：	28			林木积累营养物质	98		
涵养水源	29			净化大气环境	99		
保育土壤	30			生物多样性保护	100		
固碳释氧	31			森林游憩	101		
林木积累营养物质	32			提供林产品	102		
净化大气环境	33			其他生态服务功能	103		
生物多样性保护	34			所有者权益：	104		
森林游憩	35			实收资本	105		
提供林产品	36			资本公积	106		
其他生态服务功能	37			盈余公积	107		
生态交易资产：	38			未分配利润	108		
生态交易资产	39	37557900000	52988200000	生态资本	109	37557900000	52988200000
涵养水源	40	95016000000	134132000000	涵养水源	110	95016000000	134132000000
保育土壤	41	56337000000	76011000000	保育土壤	111	56337000000	76011000000
固碳释氧	42	74055000000	101559000000	固碳释氧	112	74055000000	101559000000
林木积累营养物质	43	17522000000	28612000000	林木积累营养物质	113	17522000000	28612000000

（续）

资产	行次	期初数	期末数
净化大气环境	44		
生物多样性保护	45		
森林游憩	46		
提供林产品	47		
其他生态服务功能	48		
应补生态资产：	49		
应补生态资产	50		
涵养水源	51		
保育土壤	52		
固碳释氧	53		
林木积累营养物质	54		
净化大气环境	55		
生物多样性保护	56		
森林游憩	57		
提供林产品	58		
其他生态服务功能	59		
生态交易资本	60		
涵养水源	61		
保育土壤	62		
固碳释氧	63		

负债及所有者权益	行次	期初数	期末数
净化大气环境	114	54940000000	79587000000
生物多样性保护	115	77709000000	109034000000
森林游憩	116	—	497000000
提供林产品	117	—	44982588
其他生态服务功能	118		
存量生态资本	119		
涵养水源	120		
保育土壤	121		
固碳释氧	122		
林木积累营养物质	123		
净化大气环境	124		
生物多样性保护	125		
森林游憩	126		
提供林产品	127		
其他生态服务功能	128		
生态交易资本	129		
涵养水源	130		
保育土壤	131		
固碳释氧	132		
林木积累营养物质	133		

（续）

资产	行次	期初数	期末数	负债及所有者权益	行次	期初数	期末数
	64			净化大气环境	138		
	65			生物多样性保护	134		
	66			森林游憩	135		
	67			提供林产品	136		
	68			其他生态服务功能	137		
	69	375579000000		所有者权益合计	138	375579000000	529882000000
资产合计	70	375579000000	529282000000	负债及所有者权益总计	139	375579000000	529882000000

表6-13 资产负债表（综合资产负债04表）

单位：元

资产	行次	期初数	期末数	负债及所有者权益	行次	期初数	期末数
流动资产：				流动负债：			
货币资金	1			短期借款	96		
短期投资	2			应付票据	97		
应收票据	3			应收账款	98		
应收账款	4			预收款项	99		
减：坏账准备	5			育林基金	100		
应收账款净额	6			拨入事业费	101		
预付款项	7			专项应付款	102		
应收补贴款	8			其他应付款	103		
其他应收款	9			应付工资	104		
存货	10			应付福利费	105		
待摊费用	11			未交税金	106		
待处理流动资产净损失	12			其他应交款	107		
一年内到期的长期债券投资	13			预提费用	108		
其他流动资产	14			一年内到期的长期负债	109		
	15			国家投入	110		
	16			育林基金	111		
	17			其他流动负债	112		
流动资产合计	18			其他流动负债	113		
营林、事业费支出：	19			应付林木损失费	114		

（续）

资产	行次	期初数	期末数	负债及所有者权益	行次	期初数	期末数
营林成本	20			流动负债合计	115		
事业费支出	21			应付森源资本：	116		
营林、事业费支出合计	22			应付森源资本	117		
森源资产：	23			应付林木资本款	118		
森源资产	24	178576915861.86	241171953214.79	应付林地资本款	119		
林木资产	25	157417359611.86	190270572714.79	应付湿地资本款	120		
林地资产	26	21159556250.00	50451380500.00	应付培育资本款	121		
林产品资产	27	—	449982588	应付生态资本：	122		
培育资产	28			应付生态资本	123		
应补森源资产：	29			涵养水源	124		
应补森源资产	30			保育土壤	125		
应补林木资产款	31			固碳释氧	126		
应补林地资产款	32			林木积累营养物质	127		
应补湿地资产款	33			净化大气环境	128		
应补非培育资产款	34			生物多样性保护	129		
生量林木资产：	35			森林游憩	130		
生量林木资产	36			提供林产品	131		
应补生态资产：	37			其他生态服务功能	132		
应补生态资产	38			长期负债：	133		
涵养水源	39			长期借款	134		

（续）

资产	行次	期初数	期末数	负债及所有者权益	行次	期初数	期末数
保育土壤	40			应付债券	135		
固碳释氧	41			长期应付款	136		
林木积累营养物质	42			其他长期负债	137		
净化大气环境	43			其中：住房周转金	138		
生物多样性保护	44			长期负债合计	139		
森林游憩	45			负债合计	140		
提供林产品	46			所有者权益：	141		
其他生态服务功能	47			实收资本	142		
生态交易资产：	48			资本公积	143		
生态交易资产	49			盈余公积	144		
涵养水源	50			其中：公益金	145		
保育土壤	51			未分配利润	146		
固碳释氧	52			生量林木资本	147		
林木积累营养物质	53			生态资本	148	3755790000000	5298820000000
净化大气环境	54			涵养水源	149	9501600000000	13413200000000
生物多样性保护	55			保育土壤	150	5633700000000	7601100000000
森林游憩	56			固碳释氧	151	7405500000000	10155900000000
提供林产品	57			林木积累营养物质	152	1752200000000	2861200000000
其他生态服务功能	58			净化大气环境	153	5494000000000	7958700000000
生态资产：	59			生物多样性保护	154	7770900000000	10903400000000

（续）

资产	行次	期初数	期末数
生态资产	60	3755790000000	5298820000000
涵养水源	61	9501600000000	13413200000000
保育土壤	62	5633700000000	7601100000000
固碳释氧	63	7405500000000	10155900000000
林木积累营养物质	64	17522000000000	28612000000000
净化大气环境	65	5494000000000	7958200000000
生物多样性保护	66	77709000000000	109034000000000
森林游憩	67	—	497000000
提供林产品	68	—	449982588
其他生态服务功能	69		—
生量生态资产：	70		
生量生态资产	71		
涵养水源	72		
保育土壤	73		
固碳释氧	74		
林木积累营养物质	75		
净化大气环境	76		
生物多样性保护	77		
森林游憩	78		
提供林产品	79		

负债及所有者权益	行次	期初数	期末数
森林游憩	155	—	497000000
提供林产品	156	—	449982588
其他生态服务功能	157		
森源资本	158	17857691585861.86	241171953214.79
林木资本	159	157417359611.86	190270572714.79
林地资本	160	21159556250.00	50451380500.00
林产品资本	161	—	449982588
非培育资本	163		
生态交易资本	164		
涵养水源	165		
保育土壤	166		
固碳释氧	167		
林木积累营养物质	168		
净化大气环境	169		
生物多样性保护	170		
森林游憩	171		
提供林产品	172		
其他生态服务功能	173		
生量生态资本	174		
涵养水源	175		

（续）

资产	行次	期初数	期末数
其他生态服务功能	80		
长期投资：	81		
长期投资	82		
固定资产：	83		
固定资产原价	84		
减：累积折旧	85		
固定资产净值	86		
固定资产清理	87		
在建工程	88		
待处理固定资产净损失	89		
固定资产合计	90		
无形资产及递延资产：	91		
递延资产	92		
无形资产	93		
无形资产及递延资产合计	94		
资产总计	95	554155915861.86	770954953214.79

负债及所有者权益	行次	期初数	期末数
保育土壤	176		
固碳释氧	177		
林木积累营养物质	178		
净化大气环境	179		
生物多样性保护	180		
森林游憩	181		
提供林产品	182		
其他生态服务功能	183		
	184		
	185		
	186		
	187		
	188		
	189		
所有者权益合计	190	554155915861.86	770954953214.79
负债及所有者权益总计	191	554155915861.86	770954953214.79

参考文献

中华人民共和国统计局，城市社会经济调查司 . 2014. 中国城市统计年鉴 2013 [M]. 北京：中国统计出版社 .

中华人民共和国统计局，城市社会经济调查司 . 2015. 中国城市统计年鉴 2014 [M]. 北京：中国统计出版社 .

中华人民共和国水利部 . 2014 年中国水土保持公报 [R].

国家发展和改革委员会能源研究所 . 2003. 中国可持续发展能源暨碳排放情景分析 [R].

中华人民共和国林业部 . 2000 全国森林资源统计 (1994—1998) [M]. 北京：中国林业出版社 .

国家环境保护总局 . 2002. 中国环境统计年报 2002 [M]. 北京：中国环境出版社 .

中华人民共和国环境保护部 . 2011. 中国环境统计年报 2011[M]. 北京：中国环境出版社 .

国家林业局 . 2004. 国家森林资源连续清查技术规定 [S]. 5-51.

国家林业局 . 2003. 森林生态系统定位观测指标体系 (LY/T1606—2003)[S]. 4-9.

国家林业局 . 2005. 全国森林资源统计 (1999—2003) [R]. 北京：国家林业局森林资源管理司 .

国家林业局 . 2005. 森林生态系统定位研究站建设技术要求 (LY/T1626—2005)[S].6-16.

国家林业局 . 2007a. 干旱半干旱区森林生态系统定位监测指标体系 (LY/T1688—2007)[S].3-9.

国家林业局 . 2007b. 暖温带森林生态系统定位观测指标体系 (LY/T1689—2007) [S].3-9.

国家林业局 . 2008a. 国家林业局陆地生态系统定位研究网络中长期发展规划 (2008—2020 年) [S].62-63.

国家林业局 . 2008b. 寒温带森林生态系统定位观测指标体系 (LY/T1722—2008)[S].1-8.

国家林业局 . 2008c. 森林生态系统服务功能评估规范 (LY/T1721—2008)[S].3-6.

国家林业局 . 2008b. 寒温带森林生态系统定位观测指标体系 (LY/T1722-2008)[S].1-8.

国家林业局 . 2014. 中国林业统计年鉴 (1973—2014) [M]. 北京：中国林业出版社 .

国家林业局 . 2010. 中国森林资源报告 (2004—2008) [M]. 北京：中国林业出版社 .

国家林业局 . 2010a. 森林生态系统定位研究站数据管理规范 (LY/T1872—2010)[S].3-6.

国家林业局 . 2010b. 森林生态站数字化建设技术规范 (LY/T1873—2010)[S].3-7.

国家林业局 . 2011. 森林生态系统长期定位观测方法 (LY/T 1952—2011)[S].1-121.

国家林业局 . 2014. 中国森林资源报告 (2009—2013) [M]. 北京：中国林业出版社 .

国家林业局 . 2016. 天然林资源保护工程东北、内蒙古重点国有林区效益监测国家报告 [M].北京：

中国林业出版社.

国家统计局.2016.中国统计年鉴2016[M].北京:中国统计出版社.

中国森林生态系统定位研究网络.2007.河南省森林生态系统服务功能及其效益评估[R].

中国森林生态系统定位研究网络.2012.吉林省森林生态系统服务功能及其效益评估[R].

中国森林资源核算及纳入绿色GDP研究项目组.2004.绿色国民经济框架下的中国森林资源核算研究[M].北京:中国林业出版社.

中华人民共和国水利部.2014.2014年中国水土保持公报[R].

李喜恩.中国内蒙古森工集团内蒙古大兴安岭林管局志(2000—2011)[M].呼和浩特:内蒙古文化出版社.

中国森林资源核算研究项目组.2015.生态文明制度构建中的中国森林资源核算研究[M].北京:中国林业出版社.

中国生物多样性研究报告编写组.1998.中国生物多样性国情研究报告[M].北京:中国环境科学出版社.

中共中央、国务院印发《国有林场改革方案》和《国有林区改革指导意见》[N].人民日报,2015-03-18.

国家发展与改革委员会能源研究所(原:国家计委能源所).1999.能源基础数据汇编(1999)[G].16.

中国国家标准化管理委员会.2008.综合能耗计算通则(GB2589—2008)[S].北京:中国标准出版社.

呼伦贝尔市统计局,国家统计局济南调查队.2017.呼伦贝尔年鉴2016[M].北京:中国统计出版社.

呼伦贝尔市统计局,国家统计局济南调查队.2015.2014年呼伦贝尔市国民经济和社会发展统计公报[R].

内蒙古自治区统计局,国家统计局内蒙古调查总队.2013.内蒙古自治区第一次水利普查公报2013[R].

内蒙古自治区统计局,国家统计局内蒙古调查队.2016.内蒙古年鉴2015[M].北京:中国统计出版社.

内蒙古自治区环境保护厅.内蒙古环境状况公报2014[R].

房瑶瑶,王兵,牛香.2015.陕西省关中地区主要造林树种大气颗粒物滞纳特征[J].生态学杂志,34(6):1516-1522.

郭慧.2014.森林生态系统长期定位观测台站布局体系研究[D].北京:中国林业科学研究院.

李少宁,王兵,郭浩,等.2007.大岗山森林生态系统服务功能及其价值评估[J].中国水土保持科学,5(6):58-64.

牛香,宋庆丰,王兵,等.2013.黑龙江省森林生态系统服务功能[J].东北林业大学学报,41(8):36-

41.

牛香，王兵．2012.基于分布式测算方法的福建省森林生态系统服务功能评估 [J].中国水土保持科学，10(2): 36-43.

牛香．2012.森林生态效益分布式测算及其定量化补偿研究——以广东和辽宁省为例 [D].北京：北京林业大学．

苏志尧．1999.植物特有现象的量化 [J].华南农业大学学报，20(1):92-96.

王兵，丁访军．2010.森林生态系统长期定位观测标准体系构建 [J].北京林业大学学报，32(6):141-145.

王兵．2015.森林生态连清技术体系构建与应用 [J].北京林业大学学报，37(1):1-8.

王兵，丁访军．2012.森林生态系统长期定位研究标准体系 [M].北京：中国林业出版社．

王兵，鲁绍伟．2009.中国经济林生态系统服务价值评估 [J].应用生态学报，20(2):417-425.

王兵，宋庆丰．2012.森林生态系统物种多样性保育价值评估方法 [J].北京林业大学学报，34(2):157-160.

王兵，魏江生，胡文．2011.中国灌木林—经济林—竹林的生态系统服务功能评估 [J].生态学报，31(7):1936-1945.

王兵，丁访军．2010.森林生态系统长期定位观测标准体系构建 [J].北京林业大学学报，32(6):141-145.

王兵．2015.森林生态连清技术体系构建与应用 [J].北京林业大学学报，37(1):1-8.

张维康．2016.北京市主要树种滞纳空气颗粒物功能研究 [D].北京：北京林业大学．

Ali A A, Xu C, Rogers A, et al. 2015.Global-scale environmental control of plant photosynthetic capacity [J]. Ecological Applications, 25(8): 2349-2365.

Bellassen V, Viovy N, Luyssaert S, et al.2011. Reconstruction and attribution of the carbon sink of European forests between 1950 and 2000[J]. Global Change Biology,17(11): 3274-3292.

Calzadilla P I, Signorelli S, Escaray F J, et al.2016. Photosynthetic responses mediate the adaptation of two Lotusjaponicus ecotypes to low temperature[J]. Plant Science,250: 59-68.

Carroll C, Halpin M, Burger P, et al. 1997.The effect of crop type, crop rotation, and tillage practice on runoff andsoil loss on a Vertisol in central Queensland [J]. Australian Journal of Soil Research,35(4): 925-939.

Costanza R, D Arge R, Groot R., et al. The Value of the World's ecosystem services and naturalcapital[J]. Nature，1997，387(15):253-260.

Daily G C, et al. 1997. Nature's services: Societal dependence on natural ecosystems[M]. WashingtonDC: Island Press.

Dan Wang, Bing Wang, Xiang Niu. 2013. Forest carbon sequestration in China and itsdevelopment [J]. China E-Publishing, 4: 84-91.

Fang J Y, Chen A P, Peng C H, et al. 2001. Changes in forest biomass carbon storage in China between1949 and 1998[J]. Science, 292：2320-2322.

Fang J Y, Wang G G, Liu G H, et al. 1998. Forest biomass of China：An estimate based on the biomass volume relationship[J]. Ecological Applications, 8(4):1084-1091.

Feng Ling, Cheng Shengkui, Su Hua, et al. 2008. A theoretical model for assessing the sustainability of ecosystem services[J]. Ecological Economy,4:258-265.

Gilley J E, Risse L M.2000. Runoff and soil loss as affected by the application of manure. Transactions of the American Society of Agricultural Engineers, 43(6): 1583-1588.

Goldstein A, Hamrick K. 2013. A Report by Forest Trends' Ecosystem Marketplace[R].

Gower S T, Mc Murtrie R E, Murty D. 1996. Aboveground net primary production decline with stand age: potential causes [J]. Trends in Ecology and Evolution,11(9):378-382.

HagitAttiya. 2008. 分布式计算 [M]. 北京：电子工业出版社.

IPCC. 2003. Good Practice Guidance for Land Use, Land-Use Change and Forestry[R]. The Institute forGlobal Environmental Strategies (IGES).

IUCN, CEM World Conservation Union Commission on Ecosystem Management. 2006. Biodiversity, Livelihoods [R]. IUCN, Gland, Switzerland.

MA (Millennium Ecosystem Assessment). 2005. Ecosystem and Human Well-Being: Synthesis[M]. Washington DC：Island Press.

Murty D, McMurtrie R E.2000. The decline of forest productivity as stands age: a model-based method foranalysing causes for the decline[J]. Ecological modelling,134(2): 185-205.

Nikolaev A N, Fedorov P P, Desyatkin A R.2011. Effect of hydrothermal conditions of permafrost soil on radialgrowth of larch and pine in Central Yakutia [J]. Contemporary Problems of Ecology, 4(2): 140-149.

Nishizono T. 2010.Effects of thinning level and site productivity on age-related changes in stand volume growthcan be explained by a single rescaled growth curve[J]. Forest ecology and management,259(12): 2276-2291.

Niu X, Wang B.2014. Assessment of forest ecosystem services in China: A methodology [J]. J. of Food, Agric. and Environ,11: 2249-2254.

Niu X, Wang B, Liu S R. 2012. Economical assessment of forest ecosystem services in China: Characteristics and Implications [J]. Ecological Complexity, 11:1-11

Niu X, Wang B, Wei W J. 2013. Chinese Forest Ecosystem Research Network: A platform for observing and studying sustainable forestry [J]. Journal of Food, Agriculture & Environment. 11(2):1008-1016

Nowak D J, Hirabayashi S, Bodine, A, et al. 2013. Modeled $PM_{2.5}$ removal by trees in ten US citiesand associated health effects[J]. Environmental Pollution, 178:395-402.

Palmer M A，Morse J，Bernhardt E，et al. 2004. Ecology for a crowed planet [J]. Science，304:1251-1252.

Post W M, Emanuel W R, Zinke P J, et al.1982.Soil carbon pools and world life zones [J]. Nature, 298:156-159.

Smith N G, Dukes J S. 2013.Plant respiration and photosynthesis in globalscale models: incorporatingacclimation to temperature and CO_2 [J]. Global Change Biology,19(1): 45-63.

Song C, Woodcock C E. Monitoring forest succession with multitemporal Landsat images: Factors of uncertainty[J]. IEEE Transactions on Geoscience and Remote Sensing, 2003, 41(11): 2557-2567.

Song Qingfeng，Wang Bing，Wang Jinsong，et al. 2016. Endangered and endemic species increase forestconservation values of species diversity based on the Shannon-Wiener index[J]. iForest Biogeosciences andForestry, doi:10. 3832/ifor1373-008.

Sutherland W J，Armstrong B S，Armsworth P R，et al. 2006. The identification of 100 ecological questions of high policy relevance in the UK[J]. Journal of Applied Ecology,43:617-627.

Tekiehaimanot Z.1991.Rainfall interception and boundary conductance in relation to trees pacing [J]. Jhydrol,123:261-278.

Wainwright J, Parsons A J, Abrahams A D. 2000.Plot-scale studies of vegetation, overland flow and erosion interactions : case studies from Arizona and New Mexico: Linking hydrology and ecology [J]. Hydrological Processes, 14（5）：2921-2943.

Wang B, Ren X X, Hu W. 2011.Assessment of forest ecosystem services value in China[J]. Scientia Silvae Sinicae, 47(2): 145-153.

Wang B，Wang D，Niu X. 2013a. Past，present and future forest resources in China and the implicationsfor carbon sequestration dynamics[J]. Journal of Food，Agriculture & Environment,11(1):801-806.

Wang B，Wei W J，Liu C J，et al. 2013b. Biomass and carbon stock in Moso Bambooforests in subtropical China: Characteristics and Implications[J]. Journal of Tropical Forest Science, 25(1): 137-148.

Wang B，Wei W J，Xing Z K，et al. 2012. Biomass carbon pools of cunninghamia lanceolata (Lamb.) Hook. Forests in Subtropical China:Characteristics and Potential [J]. Scandinavian Journal of Forest Research:1-16

Wang R, Sun Q, Wang Y, et al. 2017.Temperature sensitivity of soil respiration: Synthetic effects of nitrogen and phosphorus fertilization on Chinese Loess Plateau [J]. Science of The Total Environment, 574: 1665-1673.

Wenzhong You, Wenjun Wei, Huidong Zhang. 2012. Temporal patterns of soil CO_2 efflux in a temperate Korean Larch(Larix olgensis Herry.) plantation, Northeast China. Trees, DOI10.1007/s00468-013-0889-6

Woodall C W，Morin R S，Steinman J R，et al. 2010. Comparing evaluations of forest health based on

aerial surveys and field inventories: Oak forests in the Northern United States [J]. Ecological Indicators, 10 (3): 713-718

Xiang Niu, Bing Wang. 2013. Assessment of forest ecosystem services in China: A methodology [J]. Food, Agriculture and Enviroment, 11 （2）：1008-1016.

Xue P P, Wang B, Niu X. 2013. A Simplif ied Method for Assessing Forest Health, with Application toChinese Fir Plantat ions in Dagang Mountain, Jiangxi, China [J]. Journal of Food, Agriculture & Environment,11(2):1232-1238.

Zhang B, Wenhua L, Gaodi X, et al. 2010.Water conservation of forest ecosystem in Beijing and its value[J]. Ecological Economics, 69(7): 1416-1426.

Zhang W K, Wang B, Niu X. 2015.Study on the adsorption capacities for airborne particulates of landscapeplants in different polluted regions in Beijing (China) [J]. International journal of environmental research andpublic health,12(8): 9623-9638.

附　表

表 1　环境保护税税目税额

税目		计税单位	税额	备注
大气污染物		每污染当量	1.2～12元	
水污染物		每污染当量	1.4～14元	
固体废物	煤矸石	每吨	5元	
	尾矿	每吨	15元	
	危险废物	每吨	1000元	
	冶炼渣、粉煤灰、炉渣、其他固体废物（含半固态、液态废物）	每吨	25元	
噪声	工业噪声	超标1～3分贝	每月350元	1.一个单位边界上有多处噪声超标，根据最高一处超标声级计算应税额；当沿边界长度超过100米有两处以上噪声超标，按照两个单位计算应纳税额。 2.一个单位有不同地点作业场所的，应当分别计算应纳税额，合并计征。 3.昼、夜均超标的环境噪声，昼、夜分别计算应纳税额，累计计征。 4.声源一个月内超标不足15天的，减半计算应纳税额。 5.夜间频繁突发和夜间偶然突发厂界超标噪声，按等效声级和峰值噪声两种指标中超标分贝值高的一项计算应纳税额
		超标4～6分贝	每月700元	
		超标7～9分贝	每月1400元	
		超标10～12分贝	每月2800元	
		超标13～15分贝	每月5600元	
		超标16分贝以上	每月11200元	

表 2　应税污染物和当量值

一、第一类水污染物污染当量值

污染物	污染当量值（千克）
1.总汞	0.0005
2.总镉	0.005
3.总铬	0.04
4.六价铬	0.02
5.总砷	0.02
6.总铅	0.025
7.总镍	0.025
8.苯并（α）芘	0.0000003
9.总铍	0.01
10.总银	0.02

二、第二类水污染物污染当量值

污染物	污染当量值（千克）	备注
11.悬浮物（SS）	4	
12.生化需氧量（BODS）	0.5	同一排放口中的化学需氧量、生化需氧量和总有机碳，只征收一项
13.化学需氧量（CODcr）	1	
14.总有机碳（TOC）	0.49	
15.石油类	0.1	
16.动植物油	0.16	
17.挥发酚	0.08	
18.总氰化物	0.05	
19.硫化物	0.125	
20.氨氮	0.8	
21.氟化物	0.5	
22.甲醛	0.125	
23.苯胺类	0.2	
24.硝基苯类	0.2	
25.阴离子表面活性剂（LAS）	0.2	

（续）

污染物	污染当量值（千克）	备注
26.总铜	0.1	
27.总锌	0.2	
28.总锰	0.2	
29.彩色显影剂（CD-2）	0.2	
30.总磷	0.25	
31.单质磷（以P计）	0.05	
32.有机磷农药（以P计）	0.05	
33.乐果	0.05	
34.甲基对硫磷	0.05	
35.马拉硫磷	0.05	
36.对硫磷	0.05	
37.五氯酚及五酚钠（以五氯酚计）	0.25	
38.三氯甲烷	0.04	
39.可吸附有机卤化物（AOX）（以Cl计）	0.25	
40.四氯化碳	0.04	
41.三氯乙烯	0.04	
42.四氯乙烯	0.04	
43.苯	0.02	
44.甲苯	0.02	
45.乙苯	0.02	
46.邻-二甲苯	0.02	
47.对-二甲苯	0.02	
48.间-二甲苯	0.02	
49.氯苯	0.02	
50.邻二氯苯	0.02	
51.对二氯苯	0.02	
52.对硝基氯苯	0.02	
53.2,4-二硝基氯苯	0.02	
54.苯酚	0.02	
55.间-甲酚	0.02	

（续）

污染物	污染当量值（千克）	备注
56.2,4-二氯酚	0.02	
57.2,4,6-三氯酚	0.02	
58.邻苯二甲酸二丁酯	0.02	
59.邻苯二甲酸二辛酯	0.02	
60.丙烯氰	0.125	
61.总硒	0.02	

三、pH 值、色度、大肠菌群数、余氯量水污染物污染当量值

污染物		污染当量值	备注
1.pH值	1.0～1，13～14 2.1～2，12～13 3.2～3，11～12 4.3～4，10～11 5.4～5，9～10 6.5～6	0.06吨污水 0.125吨污水 0.25吨污水 0.5吨污水 1吨污水 5吨污水	pH值5～6指大于等于5，小于6；pH值9～10指大于9，小于等于10，其余类推
2.色度		5吨水·倍	
3.大肠菌群数（超标）		3.3吨污水	大肠菌群数和余氯量只征收一项
4.余氯量（用氯消毒的医院废水）		3.3吨污水	

四、禽畜养殖业、小型企业和第三产业水污染物污染当量值

类型		污染当量值	备注
禽畜养殖场	1.牛	0.1头	仅对存栏规模大于50头牛、500头猪、5000羽鸡鸭等的禽畜养殖场征收
	2.猪	1头	
	3.鸡、鸭等家禽	30羽	
4.小型企业		1.8吨污水	
5.饮食娱乐服务业		0.5吨污水	
6.医院	消毒	0.14床	医院病床数大于20张的按照本表计算污染当里数
		2.8吨污水	
	不消毒	0.07床	
		1.4吨污水	

注：本表仅适用于计算无法进行实际监测或者物料衡算的禽畜养殖业、小型企业和第三产业等小型排污者的水污染物污染当量数。

五、大气污染物污染当量值

污染物	污染当量值（千克）
1.二氧化硫	0.95
2.氮氧化物	0.95
3．一氧化碳	16.7
4．氯气	0.34
5.氯化氢	10.75
6.氟化物	0.87
7.氰化物	0.005
8.硫酸雾	0.6
9.铬酸雾	0.0007
10.汞及其化合物	0.0001
11.一般性粉尘	4
12.石棉尘	0.53
13.玻璃棉尘	2.13
14.碳黑尘	0.59
15.铅及其化合物	0.02
16.镉及其化合物	0.03
17.铍及其化合物	0.0004
18.镍及其化合物	0.13
19.锡及其化合物	0.17
20.烟尘	2.18
21.苯	0.05
22.甲苯	0.18
23.二甲苯	0.27
24.苯并（α）芘	0.000002
25.甲醛	0.09
26.乙醛	0.45
27.丙烯醛	0.06
28.甲醇	0.67
29.酚类	0.35

（续）

污染物	污染当量值（千克）
30.沥青烟	0.19
31.苯胺类	0.21
32.氯苯类	0.72
33.硝基苯	0.17
34.丙烯氰	0.22
35.氯乙烯	0.55
36.光气	0.04
37.硫化氢	0.29
38.氨	9.09
39.三甲胺	0.32
40.甲硫醇	0.04
41.甲硫醚	0.28
42.二甲二硫	0.28
43.苯乙烯	25
44.二硫化碳	20

表3 IPCC 推荐使用的木材密度 (D)

气候带	树种组	D（吨/立方米）	气候带	树种组	D（吨/立方米）
北方生物带、温带	冷杉	0.40	热带	陆均松	0.46
	云杉	0.40		鸡毛松	0.46
	铁杉柏木	0.42		加勒比松	0.48
	落叶松	0.49		楠木	0.64
	其他松类	0.41		花榈木	0.67
	胡桃	0.53		桃花心木	0.51
	栎类	0.58		橡胶	0.53
	桦木	0.51		楝树	0.58
	其他硬阔类	0.53		木麻黄	0.83
	杨树	0.35		含笑	0.43
	柳树	0.45		杜英	0.40
	其他软阔类	0.41		银合欢	0.64

注：资料引自（IPCC，2003）；木材密度＝干物质重量／鲜材积。

表 4　IPCC 推荐使用的生物量转换因子（BEF）

编号	a	b	森林类型	R^2	备注
1	0.46	47.50	冷杉、云杉	0.98	针叶树种
2	1.07	10.24	桦木	0.70	阔叶树种
3	0.48	30.60	杨树	0.87	阔叶树种
4	0.40	22.54	杉木	0.95	针叶树种
5	0.61	46.15	柏木	0.96	针叶树种
6	1.15	8.55	栎类	0.98	阔叶树种
7	0.51	1.05	马尾松、云南松	0.92	针叶树种
8	0.61	33.81	落叶松	0.82	针叶树种
9	1.04	8.06	樟木、楠木、槠、青冈	0.89	阔叶树种
10	0.81	18.47	针阔混交林	0.99	混交树种
11	0.63	91.00	檫树落叶阔叶混交林	0.86	混交树种
12	1.09	2.00	樟子松	0.98	针叶树种
13	0.59	18.74	华山松	0.91	针叶树种
14	0.52	18.22	红松	0.90	针叶树种

注：资料引自（Fang 等，2001）；生物量转换因子计算公式为：$B=aV+b$，其中 B 为单位面积生物量，V 为单位面积蓄积量，a、b 为常数；表中 R^2 为相关系数。

表 5　不同树种组单木生物量模型及参数

序号	公式	树种组	建模样本数	模型参数	
				a	b
1	$B/V=a\,(D^2H)^b$	杉木类	50	0.788432	−0.069959
2	$B/V=a\,(D^2H)^b$	硬阔叶类	51	0.834279	−0.017832
3	$B/V=a\,(D^2H)^b$	软阔叶类	29	0.471235	0.018332
4	$B/V=a\,(D^2H)^b$	红松	23	0.390374	0.017299
5	$B/V=a\,(D^2H)^b$	云冷杉	51	0.844234	−0.060296
6	$B/V=a\,(D^2H)^b$	落叶松	99	1.121615	−0.087122
7	$B/V=a\,(D^2H)^b$	胡桃楸、黄波罗	42	0.920996	−0.064294

注：资料引自（李海奎和雷渊才，2010）。

表6   内蒙古森工森林生态系统服务评估社会公共数据

编号	名称	单位	出处值	2018年价格	来源及依据
1	水库建设单位库容投资	元/吨	6.32	7.42	根据1993—1999年《中国水利年鉴》平均水库库容造价2.71元/吨;中华人民共和国审计署,2013年第23号公告:长江三峡工程竣工财务决算草案审计结果,三峡工程动态总投资合计2485.37亿元;水库正常蓄水位高程175米,总库容393亿立方米。贴现至2018年
2	水的净化费用	元/吨	0.68	0.72	根据大气降水中主要污染物浓度经过森林生态系统净化的浓度,结合水污染物当量值和应税水污染物税额计算得出
3	挖取单位面积土方费用	元/立方米	42.00	42.00	根据2002年黄河水利出版社出版《中华人民共和国水利部水利建筑工程预算定额》（上册）中人工挖土方Ⅰ和Ⅱ类土类每100立方米需42工时,人工费依据《关于调整内蒙古自治区建设工程定额人工工资单价的通知》（内建工〔2013〕587号）取100元/工日
4	磷酸二铵含氮量	%	14.00	14.00	
5	磷酸二铵含磷量	%	15.01	15.01	化肥产品说明
6	氯化钾含钾量	%	50.00	50.00	
7	磷酸二铵化肥价格	元/吨	3050.00	3050.00	来源于内蒙古自治区物价局官方网站2018年磷酸二铵、氯化钾化肥年均零售价格
8	氯化钾化肥价格	元/吨	2350.00	2350.00	
9	有机质价格	元/吨	850.00	855.00	有机质价格根据中国供应商网（http://cn.china.cn/）2018年鸡粪有机肥平均价格
10	固碳价格	元/吨	855.40	982.66	采用2013年瑞典碳税价格：136美元/吨二氧化碳,人民币对美元汇率按照2013年平均汇率6.2897计算,贴现至2018年
11	制造氧气价格	元/吨	1000	1462.35	采用中华人民共和国国家卫生和计划生育委员会网站（http://www.nhfpc.gov.cn/）2007年春季氧气平均价格（1000元/吨）,根据价格指数（医药制造业）这算为2013年的现价为1299.07元/吨,再根据贴现率转换为2018年的现价

（续）

编号	名称	单位	出处值	2018年价格	来源及依据
12	负离子生产费用	元/10^{18}个	7.64	7.89	根据企业生产的适用范围30平方米（房间高3米）、功率为6瓦、负离子浓度1000000个/立方米、使用寿命为10年、价格每个65元的KLD-2000型负离子发生器而推断获得，其中负离子寿命为10分钟；根据呼伦贝尔市物价局官方网站呼伦贝尔市电网销售电价，居民生活用电现行价格为0.513元/千瓦时
13	二氧化硫治理费用	元/千克	1.26	1.28	结合大气污染物污染当量值和内蒙古自治区应税污染物应税额度计算得到
14	氟化物治理费用	元/千克	1.38	1.42	
15	氮氧化物治理费用	元/千克	1.26	1.41	
16	降尘清理费用	元/千克	0.30	0.33	结合大气污染物污染当量值中一般性粉尘污染当量值和内蒙古自治区应税污染物应税额度计算得到
17	PM_{10}清理费用	元/千克	2.03	2.12	结合大气污染物污染当量值中炭黑尘污染当量值和内蒙古自治区应税污染物应税额度计算得到
18	$PM_{2.5}$清理费用	元/千克	2.03	2.03	
19	草方格人工铺设价格	元/(公顷·年)	3500.00	3500.00	根据甘肃和内蒙古两地草方格治沙工程工程费用计算得出，其中人工每人每天能够铺设草方格1亩，每公顷草方格所需稻草等材料费2000元，人工费依据《关于调整内蒙古自治区建设工程定额人工工资单价的通知》（内建工〔2013〕587号）取100元/工日
20	生物多样性保护价值	元/(公顷·年)	—		根据Shannon-Wiener指数计算生物多样性保护价值，选取2008年价格，即：Shannon-Wiener指数<1时，$S_{生}$为3000元/(公顷/年)；1≤Shannon-Wiener指数<2，$S_{生}$为5000元/(公顷/年)；2≤Shannon-Wiener指数<3，$S_{生}$为10000元/(公顷/年)；3≤Shannon-Wiener指数<4，$S_{生}$为20000元/(公顷/年)；4≤Shannon-Wiener指数<5，$S_{生}$为30000元/(公顷/年)；5≤Shannon-Wiener指数<6，$S_{生}$为40000元/(公顷/年)；Shannon-Wiener指数≥6时，$S_{生}$为50000元/(公顷/年)。（其他年份价格通过贴现率获得）

附　件

名词术语

生态文明

生态文明是指人类遵循人与自然、与社会和谐协调，共同发展的客观规律而获得的物质文明与精神文明成果，是人类物质生产与精神生产高度发展的结晶，是自然生态和人文生态和谐统一的文明形态。

生态系统功能

生态系统的自然过程和组分直接或间接地提供产品和服务的能力，包括生态系统服务功能和非生态系统服务功能。

生态系统服务

生态系统中可以直接或间接地为人类提供的各种惠益，生态系统服务建立在生态系统功能的基础之上。

森林生态效益定量化补偿

政府根据森林生态效益的大小对生态系统服务提供者给予的补偿。

森林生态系统服务全指标体系连续观测与清查

森林生态系统服务全指标体系连续观测与清查（简称森林生态连清）是以生态地理区划为单位，以国家现有森林生态站为依托，采用长期定位观测技术和分布式测算方法，定期对同一森林生态系统服务进行重复的全指标体系观测与清查，它与国家森林资源连续清查耦合，用以评价一定时期内森林生态系统的服务，以及进一步了解森林生态系统的动态变化。这是生态文明建设赋予林业行业的最新使命和职能，同时可为国家生态建设发挥重要支撑作用。

森林生态功能修正系数

基于森林生物量决定林分的生态质量这一生态学原理，森林生态功能修正系数是指评估林分生物量和实测林分生物量的比值。反映森林生态服务评估区域森林的生态质量状况，还可以通过森林生态功能的变化修正森林生态系统服务的变化。

贴现率

又称门槛比率，指用于把未来现金收益折合成现在收益的比率。

绿色 GDP

在现行 GDP 核算的基础上扣除资源消耗价值和环境退化价值。

生态 GDP

在现行 GDP 核算的基础上，减去资源消耗价值和环境退化价值，加上生态系统的生态效益，也就是在绿色 GDP 核算体系的基础上加入生态系统的生态效益。

雾霾

"雾霾"是对"雾"和"霾"两种天气情况的合称，常发生在高污染环境条件下。"雾"是大气中悬浮的水滴或冰晶的集合体，"雾"出现时，能见度小于 1000 米。"霾"是均匀悬浮于大气中的极细微干尘粒，能令空气混浊，能见度小于 10 千米。由于"雾"和"霾"在特定的气象条件下会相互转化，且通常交替出现，"雾霾"渐渐成为一个常用词汇。雾霾形成与空气中粒径较小的细粒子（PM_{10}、$PM_{2.5}$）有直接关系。

总悬浮颗粒物（TSP）

指环境空气中空气动力学当量直径小于 100 微米的颗粒物。

可吸入颗粒物（PM_{10}）

指环境空气中空气动力学当量直径小于 10 微米的颗粒物，也称可吸入颗粒物。

细颗粒物（$PM_{2.5}$）

指环境空气中空气动力学直径小于 2.5 微米的颗粒物，可以进入人体肺泡。

可入肺颗粒物（$PM_{1.0}$）

指环境空气中空气动力学直径小于 1.0 微米的颗粒物，可进入肺泡血液，在大气中停留时间长。

一项开创性的里程碑式研究

——探寻中国森林生态系统服务功能研究足迹

导　读

　　生态和环境问题已经成为阻碍当今经济社会发展的瓶颈。作为陆地生态系统主体的森林，在给人类带来经济效益的同时，创造了巨大的生态效益，并且直接影响着人类的福祉。

　　在全球森林面积锐减的情况下，中国却保持着森林面积持续增长的态势，并成为全球森林资源增长最快的国家，这种增长主要体现在森林面积和蓄积量的"双增长"。

　　森林究竟给人类带来那些生态效益？这些生态效益又是如何为人类服务的？如何做到定性预定量相结合的评价？林业研究者历时4年多，在全国31个省（区、市）林业、气象、环境等相关领域及部门的配合下，近200人参与完成了中国森林生态系统服务功能价值测算，对森林的涵养水源、保育土壤、固碳释氧、积累营养物质、净化大气环境和生物多样性保护共6项生态系统服务功能进行定量评价。此项研究成果，不仅真实地反映了林业的地位与作用、林业的发展与成就，更为整个社会在发展与保护之间寻求平衡点、建立生态效益补偿机制提供了科学依据。"中国森林生态系统服务功能研究"成果自发布以来，备受国内外学术界关注。

　　十八大报告中指出，加强生态文明制度建设，要把资源消耗、环境损害、生态效益纳入经济社会发展评价体系，建立体现生态文明要求的目标体系、考核办法、奖惩机制。其中，对生态效益的评价，指的就是对生态系统服务功能的评价。

　　林业研究者历时4年多从事的森林生态系统服务功能研究，不但让人们直观地认识到森林给人类带来的生态效益的大小，而且从更高层面上讲，推动了绿色GDP核算，推进了经济社会发展评价体系的完善。在中国，这项研究被称为里程碑式的研究。

　　这项研究由中国林科院森林生态环境与保护研究所首席专家王兵研究员牵头完成。这项成果主要在江西大岗山森林生态站这个研究平台上孕育孵化而来，并在全体中国森林生态系统定位研究网络（CFERN）工作人员的齐心协力下共同完成的。

　　这项研究的意义远不止如此。

　　日前，中国研究者关于《中国森林生态系统服务功能评估的特点与内涵》的论文发表在美国《生态复杂性》期刊上。业内人士普遍认为，这对中国乃至全球生态系统服务功能研究均具有重要的借鉴意义。

在系统研究森林生态系统服务功能方面，同样具有借鉴和指导意义的还有已经出版发行的《中国森林生态服务功能评估》、《中国森林生态系统服务功能研究》。此外，这方面的中文文章也发表甚多，其中《中国经济林生态系统服务价值评估》一文发表在60种生物学类期刊中排名第二位的《应用生态学报》上，文章获得了被引频30次（CNKI）、排名第九的殊荣。

中国森林生态系统服务功能研究到底是一项怎样的研究，为何受到国内外学者的广泛关注？让我们跟随林业研究者的足迹，详实了解其研究过程以及取得的研究成果，通过这笔科学财富达到真正认识森林生态系统、保护森林生态系统的目的。

以指标体系为基础

指标体系的构建是评估工作的基础和前提。随着人类对生态系统服务功能不可替代性认识的不断深入，生态系统服务功能的研究逐步受到人们的重视。

根据联合国千年生态系统评估指标体系选取的"可测度、可描述、可计量"准则，国家林业局和中国林科院未雨绸缪，在开展森林生态系统服务功能研究之前，就已形成了全国林业系统的行业标准，这就是《森林生态系统服务功能评估规范》（LY/T 1721—2008）。这个标准所涉及的森林生态系统服务功能评估指标内涵、外延清楚明确，计算公式表达准确。一套科学、合理、具有可操作性的评估指标体系应运而生。

以数据来源为依托

俗话说"巧妇难为无米之炊"，没有详实可靠的数据，评估工作就无法开展。这项评估工作采用的数据源主要来自森林资源数据、生态参数、社会公共数据。

森林资源数据主要来源于第七次全国森林资源清查，从2004年开始，到2008年结束，历时5年。这次清查参与技术人员两万余人，采用国际公认的"森林资源连续清查"方法，以数理统计抽样调查为理论基础，以省（区、市）为单位进行调查。全国共实测固定样地41.50万个，判读遥感样地284.44万个，获取清查数据1.6亿组。

生态参数来源于全国范围内50个森林生态站长期连续定位观测的数据集，目前生态站已经发展到75个。这项数据集的获取主要是依照中华人民共和国林业行业标准LY/T1606—2003森林生态系统定位观测指标体系进行观测与分析而获得的。

社会公共数据来源于我国权威机构所公布的数据。

以评估方法为支撑

运用正确的方法评价森林生态系统服务功能的价值尤为重要，因为它是如何更好地管理森林生态系统的前提。

如果说 20 世纪的林业面对的是简单化系统、生产木材及在林分水平的管理，那么 21 世纪的林业可以认为是理解和管理森林的复杂性、提供不同种类的生态产品和服务、在景观尺度进行的管理。同样是森林，由于其生长环境、林分类型、林龄结构等不同，造成了其发挥的森林生态系统服务功能也有所不同。因此，研究者在评估的过程中采用了分布式测算方法。

这是一种把一项整体复杂的问题分割成相对独立的单元进行测算，然后再综合起来的科学测算方法。这种方法主要将全国范围内、除港澳台地区的 31 个省级行政区作为一级测算单元，并将每一个一级测算单元划分为 49 个不同优势树种林分类型作为二级测算单元，按照不同林龄又可将二级测算单元划分为幼龄林、中龄林、近熟林、成熟林和过熟林 5 个三级测算单元，最终确立 7020 个评估测算单元。与其他国家尺度及全球尺度的生态效益评估相比，中国在这方面采用如此系统的评估方法尚属首次。

以服务人类为目标

生态系统服务功能与人类福祉密切相关。中国林科院的研究人员通过 4 年多的努力，终于摸清了"家底"，首次认识到中国森林所带给人类的生态效益。如果将这些研究出来的数字生硬地摆在大众面前，很难让人们认识到森林的巨大作用。

聪明的研究人员将这些数字形象化的对比分析后，人们顿时茅塞顿开。2010 年召开的中国森林生态服务评估研究成果新闻发布会上，公布了中国森林生态系统服务功能的 6 项总价值为每年 10 万亿元，大体上相当于目前我国 GDP 总量 30 万亿元的 1/3。其中，年涵养水源量为 4947.66 亿立方米，相当于 12 个三峡水库 2009 年蓄水至 175 米水位后库容量；年固土量达到 70.35 亿吨，相当于全国每平方公里土地减少 730 吨土壤流失，如按土层深度 40 厘米计算，每年森林可减少土地损失 351.75 万公顷；森林年保肥量为 3.64 亿吨，如按含氮量 14% 计算，折合氮肥 26 亿吨；年固碳量为 3.59 亿吨，相当于吸收工业二氧化碳排放量的 52%。

如此形象的对比描述，呼唤着人们生态意识的不断觉醒。当前，为摸清"家底"，全国有一半以上的省份开展了森林生态系统服务功能的评估工作。有些省份，如河南、辽宁、广东，甚至连续几次开展了全省的动态评估工作。

这项工作不仅仅是为了评估而评估，初衷在于进一步推进生态效益补偿由政策性补偿向基于生态功能评估的森林生态效益定量化补偿的转变。当前的生态效益补偿绝大多数都是为了补偿而补偿，属于政策性的、行政化的、自组织的补偿，并没有从根本上调节利益受益者和受损者的平衡。而现在借助于某一块林地的生态效益进行补偿，可以实现利用、维护和改善森林生态系统服务过程中外部效应的内部化。

对于这项研究工作的前期积累，国家林业局 50 个森林生态系统定位观测研究站的工作人员，不管风吹日晒，年复一年的在野外开展监测工作，甚至冒着生命的危险。在东北地区，有一种叫作"蜱虫"的动物，它将头埋进人体的皮肤内吸血，严重者会造成死亡。在南方，类似的动物叫作"蚂蟥"，同样会钻进人体的皮肤吸血。在这样危险的条件下，每一个林业工作者都不负重任、尽职尽责，完成了监测任务，为评估工作的开展奠定了坚实基础。

以经济、社会、生态效益相协调发展为宗旨

林业研究者认为，我们破坏森林，是因为我们把它看成是以一种属于我们的物品；当我们把森林看成是一个我们隶属于它的共同体时，我们可能就会带着热爱与尊敬来使用它。

传承着"天人合一"、"道法自然"的哲学理念，融合着现代文明成果与时代精神，凝聚着中华儿女的生活诉求，研究者们用了近两年的时间，对森林生态系统服务功能评估的特点及内涵等开展了深入分析和研究，对其与经济、社会等相关关系进行了尝试性的探索。

生态效益无处不在，无时不有。通过生态区位商系数，进一步说明了人类从森林中获得多少生态效益，获得什么样的森林生态效益，获得的森林生态系统服务功能是优势功能还是弱势功能。这与各省、各林分类型所处的自然条件和社会经济条件有直接关系。林业研究者预测，在当前的国情和林情下，森林生态将会保持稳步增加的趋势，原因在于当前不断加强人工造林，导致幼龄林占有较大比重，其潜在功能巨大。

那么，生态效益与经济、社会等究竟如何协调发展？为了将森林生态系统服务功能评估结果应用于实践中，科研人员尝试性地选用恩格尔系数和政府支付意愿指数来进一步说明它们之间的关系，研究了生态效益与 GDP 的耦合关系等。

恩格尔系数反映了不同的社会发展阶段人们对森林生态系统服务功能价值的不同认识、重视程度和为其进行支付的意愿是不同的，它是随着经济社会发展水平和人民生活水平的不断提高而发展的。从另一方面也说明了森林与人类福祉的关系。

政府支付意愿指数从根本上反映了政府对森林生态效益的重视程度及态度，进一步明确政府对森林生态效益现实支付额度与理想支付额度的差距。这也从侧面反映了经济、社会、生态效益相协调发展的宗旨。

以生态文明建设为导向

森林对人们的生态意识、文明观念和道德情操起到了潜移默化的作用。从某种意义讲，人类的文明进步是与森林、林业的发展相伴相生的。森林孕育了人类，也孕育了人类文明，并成为人类文明发展的重要内容和标志。因此可以说，森林是生态文明建设的主体，森林的生态效益又是生态文明建设的最主要内容。通过森林生态效益的研究，凸显中华民族的资源优势，彰显生态文明的时代内涵，力争实现人与自然和谐相处。

结　语

森林生态系统功能与森林生态系统服务的转化率的研究是目前生态系统服务评估的一个薄弱环节。目前的生态系统服务评估还停留在生态系统服务功能评估阶段，还远远不能实现真正的生态系统服务评估。

究其原因，就是以目前的森林生态学的发展水平还不能提供对森林生态系统服务功能转化率的全方位支持，也就是我们不知道森林生态系统提供的生态功能有多大比例转变成生态系统服务，这也是以后森林生态系统服务评估研究的一个迫切需要解决的问题。

院士心语

当前，我国正处于在工业化得关键时期，经济持续增长对环境、资源造成很大压力。在这些严重的生态危机面前，人类已经开始警醒，深刻认识到森林的重要地位和关键作用，并采取行动，促进发展与保护的统一，追求经济、社会、生态、文化的协同发展。如何客观、动态科学地评估森林的生塔基服务功能，解决好生产发展与生态建设保护的关系，显得尤为重要。这是对于加深人们的环境意识，促进加强林业建设在国民经济中的主导地位，提高森林经营管理水平，加快将环境纳入国民经济核算体系及正确处理社会经济发展与省态环境保护之间的关系，以为客观反映我国森林对全球气候变化的贡献，都具有重要意义。

——中国工程院院士　李文华

概念解析

（1）生态系统服务。从古至今，许多科学家提出了生态系统服务的概念，有些定义侧重于表达生态系统服务的提供者，而有些概念侧重于阐明受益者。通过对比科学家们提供的概念，中国林业科学研究院专家认为，生态系统服务是指生态系统中可以直接地我人类提供的各种惠益。

（2）生态系统功能。生态系统功能是指生态系统的自然过程和组分直接或间接地提供产品和服务的能力。它包括生态系统服务功能和非生态系统服务功能两大类。

生态系统服务功能维持了地球生命支持系统，主要包括涵养水源、改良土壤、防止水土流失、减轻自然灾害、调节气候、净化大气环境、孕育和保护生物多样性等功能，以及具有医疗保健、旅游休憩、陶冶情操等社会功能。这一部分功能可为人类提供各种服务，因此被称为生态系统服务功能。

非生态系统服务功能是指本身存在于生态系统中，而对人类不产生服务或抑制生态系统服务产生的一些功能。它随着生态系统所处的位置不同而发挥不同的作用，有些功能甚至是有害于人类健康的。例如木麻黄属、枫香属等树木，在生长过程中会释放出一些污染大气的有机物质，如异戊二烯、单萜类和其他易挥发性有机物（VOC），这些有机物质会导致臭氧和一氧化碳的生成。这样的生态系统功能不但不会为人类提供各种服务，还会影响到人类的健康，因此被称之为非生态系统服务功能。

摘自：《中国绿色时报》（2013 年 2 月 4 日 A3 版）

"绿水青山"究竟值多少"金山银山"

3月下旬的一天，位于北京植物园里的森林生态站迎来了一位为地方森林价值评估谋求良方的客人。

"过去评价森林资源，大多强调面积扩大多少，蓄积量增加多少等，缺乏生态效益评价。谈林业价值，便默认是木材的经济价值，人们没有真正认识到森林的生态价值，尽管生态保护意识提升了，森林保护成效也不是很大。"辽宁省林业调查规划院副院长董泽生从事林业工作数十年，深知森林的生态价值远远超过以木材为主的经济价值，但因缺乏实实在在的量化数据，很难将这种意识传达给公众。

中国林业科学研究院森林生态环境与保护研究所研究员、森林生态效益监测与评估首席科学家王兵及团队的研究成果或许可以解决董泽生的困惑。

而位于北京植物园的森林生态站就是王兵带领团队打造的森林生态效益监测与评估系统中的一环。

王兵几乎遍历全球各地所有的典型森林，经验告诉他，森林可为人类带来甚至比"金钱"更大的福祉。为量化这一"福祉"，他带领团队历经20余年，形成了中国森林生态连续观测与清查体系，算清了中国的"绿水青山"究竟价值多少"金山银山"，用数据说话，"向国家和人民报账"。

王兵（左一）正在讲解生态连清监测布局

北京植物园 N40° 著名小院

40 年、8 次清查，算出绿水青山"账"

经历过森林毁灭所带来的阵痛之后，人类已经认识到森林对维持繁衍生息、可持续发展的重要性，人人皆知森林有着净化空气、调节气候、天然氧吧等生态功能。

然而，这些认知更多的只是一种感觉，很少有人意识到森林也是一种"资本"，且暗含着巨大的经济效益。

也正因此，当经济发展与森林保护再次发生冲突时，无论是官员还是老百姓大多数情况下仍会选择牺牲森林以获取立竿见影的经济价值。

自然资本由自然资源及其提供的生态系统服务所构成。

"森林生态系统服务功能就是人类从生态系统中获得的利益，包括涵养水源、保育土壤、固碳释氧、净化空气、防风固沙和生物多样性保护等。"王兵告诉《中国科学报》，森林生态系统提供了几乎所有的生态福祉要素，是地球上最大的绿色水库、绿色碳库、绿色基因库和绿色氧吧库，这都是无形价值。

的确，森林只发挥其本身的生态服务功能，就能转化成一座"金库"。

"过去 5 年，中国森林生态系统的生态服务总价值已经达到了每年 12.68 万亿元。"王兵说，以森林"固碳"功能为例，森林植被可吸收大气中的二氧化碳并将其固定在植被或是土壤中，减缓全球变暖。

而中国 2.08 亿公顷的森林可固碳 4 亿吨，合 15 亿吨二氧化碳，相当于 20%～25% 的工业排放量。

"治污减霾，关工厂、禁汽车不现实，实现零排放和清洁能源转型还需要一个过程，这时候森林的价值就体现出来了。"王兵说。

"中国森林生态系统连续观测与清查及绿色核算"系列丛书　　中国森林资源绿色核算研究

又比如，三峡水利工程水库的设计库容为 393 亿立方米，而全国森林生态系统涵养水源量相当于近 15 个三峡水库的库容；2013 年森林年保肥量相当于当年农业总施肥量的 7.3 倍；森林每年能够释放的氧气理论上可供 34.74 亿人呼吸一年……

森林的生态服务功能远不止此。算清中国的"绿水青山"价值多少"金山银山"，第一步需要先清查中国"绿水青山"的数量和质量，以及有哪些"含金量高"的生态服务功能。

1973 年，国家启动了第一次全国森林资源连续清查工作，之后每隔 5 年进行一次。截至 2013 年，一共进行了 8 次清查行动。第 9 次于去年结束，结果将于今年发布。

基于过去 40 年国家和各省份的森林资源及其生态功能的监测数据，王兵团队历时 2 年，绘出了全国与各个省份的森林"词典"和"账本"——《中国森林资源及其生态功能四十年监测与评估》。

数据显示，从数量上看，近 40 年来，我国森林数量持续增长。森林面积由 1.22 亿公顷增加到 2.08 亿公顷；森林覆盖率由 12.70% 提高到 21.63%；森林蓄积由 86.56 亿立方米增加到 151.37 亿立方米。

森林质量反映生态服务功能的"含金量"。

结果表明，森林每公顷蓄积量增加 1.85 立方米，优势树种组更加多样化，大量速生、优质树种出现；林种结构由用材林占绝对优势转变为防护林占绝对优势的局面；龄级结构趋于合理，更加符合可持续发展的要求。

"我国森林生态服务功能的作用逐步凸显。"王兵表示，这正是由于我国森林资源由少到多、由弱到强，从无序到有序的变化。

除此之外，数据揭示了森林资源及其生态功能消长变化的驱动因素，包括森林资源自

中国森林资源及其生态功能四十年监测与评估　　　　天保工程生态效益监测国家报告

退耕还林工程生态效益监测国家报告

身生长、枯损的自然规律，外界生长条件，自然和人为破坏等。

20 世纪 90 年代后期实施的天然林保护、退耕还林、三北及长江流域等防护林体系建设等六大林业重点工程，使得森林覆盖率、植被盖度和物种多样性呈上升趋势，这有效改善了森林生态系统的服务功能。

"准确掌握我国森林资源动态变化，可以摸清森林数量和质量的规律，确定森林在生态文明建设中的主体地位，更有利于森林资源资产审计。"王兵说。

20 年建"百站"，从资源到生态

数据清查的背后，是以森林生态站为主体的中国森林生态系统长期定位监测网为支撑。

20 世纪 50 年代，以中科院院士蒋有绪为代表的老一辈森林生态学家在江西大岗山、秦岭、祁连山、大小兴安岭、海南尖峰岭等典型生态区域建设了原国家林业局主管的 15 个森林生态监测站，开展半定位观测研究，从此开创了中国森林生态监测的局面。

随着生态站数量增加，站点布局初具规模。

2003 年，国家正式成立"中国森林生态系统定位研究网络"，王兵承袭恩师蒋有绪的"衣钵"，担任网络中心主任。

"在中国的版图上，哪里有典型森林，就在哪里建站。"为保证每个有代表性区域均设置森林生态站，王兵创造性地提出了基于生态地理区划的中国森林生态系统典型抽样布局体系，将中国重点生态功能区和中国生物多样性保护优先区进行空间叠置，最终筛选出大约 230 个森林生态系统类型的生态功能区。

这 230 个森林生态站，如今已建成 108 个，基本形成了由南向北以热量驱动、由东向西以水分驱动的森林生态系统长期定位监测网络。

江西大岗山国家级森林生态站气象观测场

历经半个世纪的发展，森林生态系统监测网络及其相关技术已成体系。

然而，中国森林生态系统空间跨度大、类型多样且十分复杂，再加上不同站点的建设，观测指标、方法与管理等不一致，导致数据不准确，甚至不可比，更使绿水青山的价值难以得到科学客观评估。

"急需建立一整套新的技术体系和评估方法。"王兵表示，过去40年，中国森林监测评估采取的是"森林资源连续观测与清查体系"。"讲资源是为了获取木材，但现在不砍森林了，只讲资源的时代已经过去了，要告诉人们享受怎样的生态福祉。"

基于数十年的研究积累，王兵设计并提出了"中国森林生态连续观测与清查体系"（以下简称生态连清体系）。

它由野外观测连清体系和分布式测算评估体系组成，前者保证数据统一测度、统一计量、统一描述；后者则是精度保证，可使森林生态状况测算精确到不同林分类型、不同林龄组及起源，解决观测指标体系不统一、难以集成全国数据和尺度转化难问题。

王兵解释道，生态连清体系是以生态地理区划为单位，以国家现有森林生态站为依托，采用长期定位观测技术和分布式测算方法，定期对同一森林生态系统进行重复的全指标体系观测与清查的技术。"它可以用以评价一定时期内森林生态系统的质量状况，以及进一步了解森林生态系统的动态变化。"

2004年第七次全国森林资源清查开始，便应用生态连清体系对全国森林生态系统服务功能进行评估，结果更加全面准确。

为统一观测指标体系，采取更系统全面和精确的野外观测方法，王兵还带队起草了《森林生态系统长期定位观测方法》与《森林生态系统长期定位观测指标体系》两项国家标准，现均已正式实施。

用生态 GDP 核算　让自然资本成为主流

森林生态连清体系核算出森林资源与功能的物质量和价值量，前者对生态系统提供的各项服务进行定量评估，反映生态系统的可持续性；后者则评估生态系统服务功能"变现"数量。

该体系为生态离任审计制度、编制自然资源资产负债表提供科学数据。

"如果砍 10 亩油松,再种 10 亩杨树,这片森林的价值是否有变化?外行看起来没变,但内行很清楚,实际变化很大。在涵养水源、保育土壤等方面,老杨树林的价值高于新植的油松林,但论木材价值,松木明显高于杨木。两者不统一到货币层面,可能会得出相反的结论。"内蒙古自治区林业和草原局副巡视员东淑华深知量化森林生态系统"含金量"的重要性。

内蒙古自治区是最早试行森林资源资产负债表编制的试点。

4 年前,东淑华作为组长牵头编制了原内蒙古自治区林业厅森林资源资产负债表,用的就是王兵的这套核算体系,专门设置了"森林生态服务功能资产账户",将资源消耗核算、环境污染损失核算和生态效益核算计入 GDP 中。

事实上,早在 2004 年,国家开始研究并实施全国和各省份的绿色 GDP 核算,不过,当时的核算结果却让人"大吃一惊"。

"又是招商引资,又是发展产业,最后经济居然是负增长,没有人能接受。"王兵说,世纪之初,正是中国经济迅猛发展的时期,高污染、高消耗的问题非常严重,"绿色 GDP 要求从 GDP 总量中减去环境损害成本和资源消耗价值,只做减法当然会变成负数"。

王兵于 2012 年提出"生态 GDP 核算体系",即在原有的绿色 GDP 核算体系基础上做了一次"加法"——加上生态效益值,包括涵养水源、保育土壤、固碳释氧、积累营养物质等在内的 8 个森林生态效益评估指标。

"生态 GDP 能客观体现各省份保护森林带来的成效,他们从原来被动式地执行命令,变为现在的主动行动。"王兵很自豪,生态 GDP 既能促进经济发达的省份多造林补短板,也能使森林富有地区不再为提升 GDP 排名而伐木砍林、引入重污染企业。

从 2009 年开始,每隔 5 年,国家发布一次全国生态 GDP,今年即将发布第 3 次,预计将达到每年 15 万亿元。

在国际竞争中,生态 GDP 核算与生态连清体系的研究与应用位居世界前列,但在王兵看来,距离完善还要继续努力。

当下主要问题在于如何加强地方认识、指导实践。"国家应加强生态考核'指挥棒'效应,各级政府应发自内心地重视保护森林生态环境,而不是一句口号。要让自然资本成为主流。"

来寻求良方的董泽生看到了希望:"如果把森林生态服务功能的价值具体量化,根据其每年消长变化,就能看到治理成效的好坏,进而为政府宏观决策、调整治理方式提供服务和技术支撑。更重要的是,能让社会认识到森林的确'价值不菲'。"

摘自:《中国科学报》(2019-04-02 第 7 版 生态环境)

"中国森林生态系统连续观测与清查及绿色核算"
系列丛书目录

1. 安徽省森林生态连清与生态系统服务研究，出版时间：2016 年 3 月

2. 吉林省森林生态连清与生态系统服务研究，出版时间：2016 年 7 月

3. 黑龙江省森林生态连清与生态系统服务研究，出版时间：2016 年 12 月

4. 上海市森林生态连清体系监测布局与网络建设研究，出版时间：2016 年 12 月

5. 山东省济南市森林与湿地生态系统服务功能研究，出版时间：2017 年 3 月

6. 吉林省白石山林业局森林生态系统服务功能研究，出版时间：2017 年 6 月

7. 宁夏贺兰山国家级自然保护区森林生态系统服务功能评估，出版时间：2017 年 7 月

8. 陕西省森林与湿地生态系统治污减霾功能研究，出版时间：2018 年 1 月

9. 上海市森林生态连清与生态系统服务研究，出版时间：2018 年 3 月

10. 辽宁省生态公益林资源现状及生态系统服务功能研究，出版时间：2018 年 10 月

11. 森林生态学方法论，出版时间：2018 年 12 月

12. 内蒙古呼伦贝尔市森林生态系统服务功能及价值研究，出版时间：2019 年 7 月

13. 山西省森林生态连清与生态系统服务功能研究，出版时间：2019 年 7 月

14. 山西省直国有林森林生态系统服务功能研究，出版时间：2019 年 7 月

15. 内蒙古大兴安岭重点国有林管理局森林与湿地生态系统服务功能研究与价值评估，出版时间：2020 年 4 月